环保科普丛书　　"十三五"国家重点图书出版规划项目

环境与健康
知识问答

HUANJING YU JIANKANG
ZHISHI WENDA

环境保护部科技标准司
中国环境科学学会　主编

中国环境出版集团·北京

图书在版编目（CIP）数据

环境与健康知识问答 / 环境保护部科技标准司，中国环境科学学会主编 . — 北京：中国环境出版集团，2017.5（2021.10 重印）
（环保科普丛书）
ISBN 978-7-5111-2971-0

Ⅰ . ①环⋯ Ⅱ . ①环⋯ ②中⋯ Ⅲ . ①环境影响－健康问题解答 Ⅳ . ① X503.1-44

中国版本图书馆 CIP 数据核字（2016）第 295454 号

出 版 人　武德凯
责任编辑　董蓓蓓　沈　建
责任校对　任　丽
装帧设计　宋　瑞

出版发行　**中国环境出版集团**
　　　　　（100062 北京市东城区广渠门内大街 16 号）
　　　　　网　　址：http://www.cesp.com.cn
　　　　　电子邮箱：bjgl@cesp.com.cn
　　　　　联系电话：010-67112765（编辑管理部）
　　　　　发行热线：010-67125803，010-67113405（传真）
印　　刷　北京中科印刷有限公司
经　　销　各地新华书店
版　　次　2017 年 5 月第 1 版
印　　次　2021 年 10 月第 2 次印刷
开　　本　880×1230　1/32
印　　张　6
字　　数　140 千字
定　　价　30.00 元

《环保科普丛书》编著委员会

顾　　问：黄润秋

主　　任：邹首民

副 主 任：王开宇　王志华

科学顾问：郝吉明　曲久辉　任南琪

主　　编：易　斌　张远航

副 主 编：陈永梅

编　　委：（按姓氏拼音排序）

鲍晓峰	曹保榆	柴发合	陈　胜	陈永梅
崔书红	高吉喜	顾行发	郭新彪	郝吉明
胡华龙	江桂斌	李广贺	李国刚	刘海波
刘志全	陆新元	潘自强	任官平	邵　敏
舒俭民	王灿发	王慧敏	王金南	王文兴
吴舜泽	吴振斌	夏　光	许振成	杨　军
杨　旭	杨朝飞	杨志峰	易　斌	于志刚
余　刚	禹　军	岳清瑞	曾庆轩	张远航
庄娱乐				

《环境与健康知识问答》
编委会

《环保科普丛书》

序

我国正处于工业化中后期和城镇化加速发展的阶段，结构型、复合型、压缩型污染逐渐显现，发展中不平衡、不协调、不可持续的问题依然突出，环境保护面临诸多严峻挑战。环保是发展问题，也是重大的民生问题。喝上干净的水，呼吸上新鲜的空气，吃上放心的食品，在优美宜居的环境中生产生活，已成为人民群众享受社会发展和环境民生的基本要求。由于公众获取环保知识的渠道相对匮乏，加之片面性知识和观点的传播，导致了一些重大环境问题出现时，往往伴随着公众对事实真相的疑惑甚至误解，引起了不必要的社会矛盾。这既反映出公众环保意识的提高，同时也对我国环保科普工作提出了更高要求。

当前，是我国深入贯彻落实科学发展观、全面建成小康社会、加快经济发展方式转变、解决突出资源环境问题的重要战略机遇期。大力加强环保科普工作，提升公众科学素质，营造有利于环境保护的人文环境，增强公众获取和运用环境科技知识的能力，把保护环境的意

I

识转化为自觉行动，是环境保护优化经济发展的必然要求，对于推进生态文明建设，积极探索环保新道路，实现环境保护目标具有重要意义。

国务院《全民科学素质行动计划纲要》明确提出要大力提升公众的科学素质，为保障和改善民生、促进经济长期平稳快速发展和社会和谐提供重要基础支撑，其中在实施科普资源开发与共享工程方面，要求我们要繁荣科普创作，推出更多思想性、群众性、艺术性、观赏性相统一，人民群众喜闻乐见的优秀科普作品。

环境保护部科技标准司组织编撰的《环保科普丛书》正是基于这样的时机和需求推出的。丛书覆盖了同人民群众生活与健康息息相关的水、气、声、固废、辐射等环境保护重点领域，以通俗易懂的语言，配以大量故事化、生活化的插图，使整套丛书集科学性、通俗性、趣味性、艺术性于一体，准确生动、深入浅出地向公众传播环保科普知识，可提高公众的环保意识和科学素质水平，激发公众参与环境保护的热情。

我们一直强调科技工作包括创新科学技术和普及科学技术这两个相辅相成的重要方面，科技成果只有为全社会所掌握、所应用，才能发挥出推动社会发展进步的最大力量和最大效用。我们一直呼吁广大科技工作者大力普及科学技术知识，积极为提高全民科学素质作出贡献。现在，我们欣喜地看到，广大科技工作者正积极投身到环保科普创作工作中来，以严谨的精神和积极的态度开展科普创作，打造精品环保科普系列图书。衷心希望我国的环保科普创作不断取得更大成绩。

丛书编委会

二〇一二年七月

前言

　　环境是人类生存的条件，也是人类发展的根基。人的健康与环境息息相通、密不可分。环境的变化会直接或间接地影响健康，在长期进化发展过程中，人类已经形成了一定的调节功能以适应环境的变化。但是，如果环境的异常变化超过了一定的范围，就会引发疾病甚至造成死亡。人们在利用和改造环境为其发展提供有利条件的过程中，对环境造成了污染和破坏，进而对自身的健康产生危害。

　　近年来，随着我国经济的快速发展和人民生活水平的快速提高，居民对环境与健康的问题越来越重视。与此同时，一些不实报道和宣传也影响着公众的正确认知，引起了不必要的惶恐和纠纷，关于环境与健康方面的投诉逐年增加。环境与健康通常不存在"零风险"，以化学物质为例，如果它们被误用或不够谨慎小心地使用，则可能带来危险。但是，人们离不开化学物质，它们在很多方面给我们的日常生活和生产活动带来了便利。因此，我们需要接受化学物质应用所带来的一定风险。绝对安全的"零风险"通常是不可能实现的。只能尽量将风险控制在相对安全的范围内，使之对健康的影响处于可接受水平。

　　本书力求全面介绍环境与健康的相关知识，包括环境与健康的基础知识、环境与健康的主要研究方法、与环境相关的重要疾病、环境与健康的法律法规和标准、

V

公众参与等。本书不仅可用于一般居民的环境与健康知识普及，也可用于我国环保工作者了解环境与健康的一般理论和知识。

随着环境污染对人类健康的危害日益凸显，我们每个人都有保护环境、维护健康的责任。只有每个人从自身做起，才能有效地保护环境、维护自身和他人的健康。希望本书在这方面能起到一定的促进和推动作用。

在本书的编写过程中，中国环境科学学会环境医学与健康分会、复旦大学、北京大学、中山大学、中国环境科学研究院委派专家参与编写工作，在此深表感谢！

由于水平有限、时间仓促，书中缺点、错误在所难免，敬请专家、读者批评指正。

编　者

二〇一六年十二月五日

第一部分　基础知识　1

目
录

第二部分　主要研究方法　**37**

IX

第三部分　与环境相关的重要疾病　79

XI

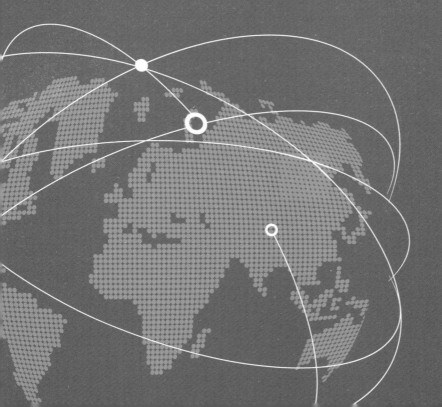

环境与健康 知识问答

HUANJING YU JIANKANG

ZHISHI WENDA

第一部分　基础知识

1. 什么是环境?

"环境"在逻辑上是与"主体"并存的一个概念,是相对于某一主体而言的客体。在不同学科中,由于研究的任务和对象不同,环境一词的科学定义也不相同。广义的环境指相对于人类这个主体而言的一切自然环境要素的总和。而狭义的环境,通常特指人类环境,是指围绕着地球上人类的空间及其中可以直接、间接影响人类生活和发展的各种物质。该环境是人类赖以生存的物质基础,又称为人类的生存环境。在环境卫生学的范畴内,一般把环境狭义地限定为自然环境和生活环境。前者如大气、水、土壤(岩石)等;后者如人类为从事生活、生产活动而建立的居住、工作和娱乐环境以及有关的生活环境因素等。

2. 什么是环境介质?

　　环境介质是不依赖于人们主观感觉而客观存在的实体,一般以气态、液态和固态三种常见的物质形态存在,具体是指大气、水、土壤(岩石)及包括人类在内的一切生物体。尽管环境介质可以分为气、液、固三种物质形态,但地球表面的环境是不存在完全单一介质的。比如,空气中含有一定量的水分和固体悬浮颗粒物,而土壤中也有一定量的水分和空气。而且,某些环境介质的三种形态在一定的条件下是可以相互转化和相互迁移的。如水在常温下是液体,但在常温下也能蒸发,温度越高,蒸发越多。

3.什么是环境因素?

环境因素是指环境介质中的被转运体或环境介质中的各种无机和有机的组成成分。环境因素按其属性可分为物理性、化学性和生物性三类。物理因素主要包括小气候、噪声、非电离辐射和电离辐射等。化学因素是指大气、水、土壤中含有的各种有机和无机化学物质,其成分复杂、种类繁多。其中的许多成分,含量适宜时是维持人类生存和身体健康所必需的,但是一旦超过一定的量,则可能对人体产生致畸、致癌、干扰内分泌等危害。生物因素主要指环境中的细菌、真菌、病毒、寄生虫和变应原(如花粉、真菌孢子、尘螨、动物皮屑和鳞翅目昆虫)等。在正常情况下,大气、水、土壤中均存在大量的微生物,对维持生态系统的平衡具有重要作用。但当环境中生物种群发生异常变化或环境中存在生物性污染时，可对人体健康产生影响。例如，1993 年 4 月在美国威斯康星州曾暴发的由隐孢子虫引起的介水传染病，共有 40.3 万人患病，4000 余人住院治疗，112 人死亡。

4. 人类自然环境的构成有哪些?

人类的自然环境由大气圈、水圈、土壤岩石圈和生物圈共同组成。

（一）大气圈

大气圈主要是指围绕地球周围的空气层。干洁空气的成分主要有氮气，占 78.1%；氧气，占 20.9%；氩气，占 0.93%；还有少量的二氧化碳、稀有气体（氦气、氖气、氩气、氪气、氙气、氡气）和水蒸气。大气的正常组成是数十亿年地球和生物演化的结果，它对保障人类的健康和维持生物的生存具有重要的意义。

（二）水圈

地球上的水以气态、液态和固态三种形式存在于空气、地表与地下。这些水相互联系，以水循环的方式共同构成了水圈。地球上的总水量约为 $1.38 \times 10^9 \text{ km}^3$，其中海水占97%，覆盖了地球表面积的71%。便于取用的河水、湖水及浅层地下水等淡水仅占水圈总量的0.2%左右，其中一部分已遭到了较严重的污染而不能供人饮用。水环境污染已成为世界上重要的环境问题，饮水短缺已经成为世界某些地区的严重危机。

（三）土壤岩石圈

岩石圈通常指地壳，主要由岩浆岩、沉积岩和变质岩三类岩石构成。土壤是由地壳岩石的风化和土壤母质的成土两种过程的综合作用下形成的。土壤是覆盖于地表、具有肥力的疏松层，是人类和生物赖以生存的物质基础。土壤含矿物质、有机质、微生物、水和空气等成分，能为植物生长、生物活动提供有力的空间和物质。土壤是联系有机界和无机界的重要环节。当土壤受到污染时，可能通过生物富集、蒸发和渗透等途径使污染物向植物、大气及水体转移。

（四）生物圈

生物圈是指地球上所有生命物质及其生存环境的整体。其范围包括了大气圈下层、土壤圈和水圈，绝大多数生物通常生存于海洋洋面之下和地球陆地地面之上约100 m的范围内。生物圈的形成是生物界与大气圈、水圈和土壤岩石圈长期相互作用的结果。长久以来，环境对生物的繁衍和发展产生重要而显著的影响，同时，生物活动又以各种方式对所生存的环境进行着改造。

5. 自然环境中影响人体健康的因素有哪几类?

　　自然环境影响人体健康的因素可分为物理性、化学性和生物性因素三大类。

　　物理性因素包括地质灾害（包括地震、火山爆发、滑坡、坍塌、泥石流等）和气象灾害。地震时，由于地面强烈的震动，可引起地面断裂、变形、建筑损坏和倒塌，直接造成人畜的伤亡。此外，地震引起的油气管道破裂、爆炸和有毒有害气体的泄漏、核电站放射性物质的泄漏，以及震后引起的瘟疫流行，都会对人体造成进一步的健康危害。火山熔岩流的侵袭，火山喷发引起火灾、山崩和地震等均可造成直接、快速的人身伤害。火山喷发过程中的有害气体和有害化学物质可对人体造成持续的健康损害。气象灾害包括台风、沙尘暴、冰雹、极端天气等。极端天气主要指超常的高温、寒冷等天气。在气象学上一般以日最高气温 ≥ 35℃称为高温天气，持续多日 35℃以上的高温天气叫"热浪"。而 24 小时降温 10℃以上或 48 小时降温 12℃以上且最低气温降至 5℃以下的强冷空气则称为寒潮。

化学性因素主要是指地表常量元素和微量元素，如硫、钙、碘、硒、铅、氟等。地球地壳表面化学元素分布不均匀，使某些地区人群通过食物和饮水摄入元素过多或过少，从而对人体健康造成影响。必需微量元素具有两重性，摄入过量也会对人体产生危害。尤其是那些安全范围较窄的微量元素，易出现摄入过量中毒现象。

生物性因素包括动物毒素、植物毒素、植物变应原等。自然环境中的许多生物均具有对其接触的动物或人产生毒害反应的能力，这种毒害反应一般是由于这些生物能产生或分泌某种有毒有害物质。这些物质可以通过皮肤接触、呼吸道吸入和经口摄入等途径作用于全身各器官和系统，进而对人体造成危害。生物性因素对人体造成的危害，既可能是急性毒性作用，还可能产生致癌和致畸等长期影响。

6. 人与环境存在物质上的统一性吗？

人体与环境的关系是生物发展上长期形成的一种既相互对立、相互制约又相互依存、相互转化的辩证统一关系。由于客观环境的多样性和复杂性，以及人类特有的改造和利用环境的主观能动性，使环境和人体呈现出极其复杂的关系。一方面，人与自然界息息相通、密不可分，自然界的变化可以直接或间接影响人体。另一方面，环境为人类提供生命物质和生活、生产场所的同时，人类也在不断地适应环境、改造环境。

7. 为什么说自然环境对人体健康具有双重影响?

自然环境是人类生存的必要条件，与人类的健康密切相关。在自然环境中存在着大量对健康有利的因素，也存在着许多不利因素。

自然环境不断赐予人类维持生命的必需物质，为人类提供保持健康的诸多自然条件，如适量的日照、化学成分正常且清洁的大气、宜人的气候、洁净的水源和有益的微量元素等，这些对维持人体生物节律、保持正常代谢、调节体温，同时增强免疫功能、促进生长发育等具有十分重要的作用。

但是，自然环境不是专为人类设计的"伊甸园"，在自然环境中，也存在许多对人体健康不利的因素：各种地质和气象灾害，不良的气候和天气条件，有毒有害的动物、植物，天然有害的化学物质，地表化学元素分布不均，天然放射性物质和致病微生物等。大量的研究发现，诸多环境因素对人体健康的影响具有有利和有害两方面的特性。例如，紫外线具有杀菌、抗佝偻病和增强人体免疫力等作用，但过量的紫外线照射则具有致红斑作用，使皮肤色素沉着甚至致癌，并可使白内障发生率增加。即使传统意义上有毒的物质，在极低剂量下也会表现出对机体的有益效应——某些物质在低剂量时对生物系统具有刺激作用，而在高剂量时具有抑制作用。如长期大量饮酒可增加患食管癌、肝癌和肝硬化等的危险性，而少量饮酒可减少冠心病和脑卒中的发生率。因此，我们对客观事物的认识，包括环境因素对机体的影响，不能绝对化，要用辩证统一的思维方法去理解、分析和判别。

8. 环境物质的联合作用类型包括哪些?

多种环境物质同时存在时对人体的作用与其中任何一种单独存在时所产生的效应有所不同,它们在人体内往往呈现出十分复杂的交互作用。凡两种或两种以上的化合物同时或者短期内先后作用于机体所产生的综合毒性作用,称为化学物的联合作用。包括以下几种类型:

①相加作用:多种化学物质的联合效应的强度为各自单独作用强度的总和,此种作用称为相加作用。化学结构相近或毒作用靶器官相同,作用机制类似的化学物同时存在时,往往发生相加作用。这是较常见的一种联合作用。

②协同作用:两种化学物质所产生的联合效应的强度远远超过各单个物质作用强度的总和,此种作用称为协同作用。

③增强作用:某一种化学物本身对机体(某器官或系统)并无毒性,另一种化学物对机体有一定的毒性,当二者同时进入机体时,

前者可使后者的毒性大为增强，此种作用称为增强作用或增效作用。

④拮抗作用：两种化学物同时进入机体后，其中一种化学物可干扰另一种化学物的生物学作用；或者化学物互相干扰，使其联合效应的强度低于各自单独作用的强度之和，此种作用称为拮抗作用。

9. 原生环境与次生环境的区别有哪些?

原生环境是指天然形成，并未受人为活动影响或影响较少的自然环境。原生环境是天然形成的，保持着自然的形态和特征，按照自然的规律运行。次生环境是指在人为活动影响下形成的环境。人类在改造自然环境及开发利用自然资源的过程中，一方面为人类的生存和健康提供了良好的物质条件，但在另一方面也对原生环境施加了影响，尤其是在不断地向自然索取中破坏了自然的平衡，在不断向自然的排泄中造成了严重的环境污染。

10. 何为生物地球化学性疾病？

　　生物地球化学性疾病是指由于地球地壳表面化学元素分布不均匀，使某些地区的水和（或）土壤中某些元素过多或过少，而引起的某些特异性疾病。常见疾病有碘缺乏病、地方性氟中毒、地方性砷中毒、克山病、大骨节病等。

11. 自然环境中的生物性有毒有害物质对健康的影响有哪些？

  自然环境中的生物性有毒有害物质的种类很多，迄今为止，被人类认识的只占少数。研究显示，美国人平均每天摄入 5000 ～ 10000 种各种各样的天然农药及其分解产物。目前了解较多、毒害严重的主要有动物毒素和植物毒素。

  ①动物毒素：陆生和水生的有毒动物所产生的有毒物质称为动物毒素，许多动物毒素的毒性很强，按毒素作用性质可分为神经毒素、心脏毒素、细胞毒素、凝血毒素和抗凝血毒素等。常见的有毒动物有毒蛇、蝎、蜜蜂、蜘蛛、蜈蚣和刺毒鱼类等。

  ②植物毒素：天然存在于植物中，对人或动物有毒的化学物质称

为植物毒素，植物所产的有毒物质主要有生物碱、糖苷、毒蛋白，多肽、胺类、草酸盐和真菌毒素等。生物碱是含氮化合物，具有碱的性质。生物碱具有较强的生理或药理作用，因而毒性较强。常见的含生物碱的有毒植物多属豆科、马钱科、石蒜科、天南星科、防己科、毛茛科、茄科、百合科等。糖苷类是由糖分子和非糖分子以苷式结合而成，因非糖分子的不同，糖苷类可分为氰苷和皂苷等，还有许多对心脏具有强烈作用的强心苷类。毒蛋白类在少数植物种子中被发现，毒性极强，如蓖麻毒蛋白。某些藻类也含有天然毒素。

12. 什么是一次污染物和二次污染物？

大气污染物可分为一次污染物和二次污染物。由污染源直接排入大气环境中，其物理和化学性质均未发生变化的污染物称为一次污染物。排入大气的污染物在物理、化学等因素的作用下发生变化，或与环境中的其他物质发生反应所形成的理化性质不同于一次污染物的新污染物，称为二次污染物。二次污染物可能比一次污染物的毒性更大。二次污染物形成后，可能通过各种氧化作用和光化学反应继续发生改变，形成三次、四次等多次污染物。常见的有：大气中的二氧化硫和水蒸气氧化成硫酸，进而生成硫酸雾，其刺激作用比二氧化硫强100倍，是酸雨的主要成分；汽车尾气中的氮氧化物和挥发性有机物在日光紫外线的照射下，经过一系列的光化学反应生成臭氧、醛类以及各种过氧酰基硝酸酯，这些物质通称为光化学氧化剂；水体中无机汞化合物通过微生物的作用，转变成毒性更强的甲基汞，该化合物易被人体吸收，不易降解，排泄很慢，容易在脑中累积。

13. 环境污染中的急性和慢性危害有哪些类型？

环境污染对人类健康的危害常随污染物的种类而异，一般情况下包括急性健康危害和慢性健康危害。

急性健康危害，一般指短期内高浓度的污染物造成暴露人群的急性中毒和死亡。大气中的污染物浓度较低时，通常不会造成人体急性中毒，但在某些特殊条件下，如工厂在生产过程中出现特殊事故、大量有害气体泄漏外排、外界气象条件突变等，便会引起人群的急性中毒，例如伦敦烟雾事件等环境公害事件。

慢性健康危害，是指环境中有害污染物（因素）以低浓度、长时间反复作用于机体所产生的危害。其中慢性健康危害还包括致癌作用和致畸作用。大气污染对人体健康慢性毒害作用主要表现为污染物质在低浓度、长时间连续作用于人体后，出现体内蓄积，患病率升高等现象。人类社会在没有使用有机氯农药时，人体脂肪中是没有农药残留的。但当世界各国普遍大量使用有机氯杀虫剂后，有机氯通过大气、水、食物进入体内蓄积起来，使各国人体脂肪中有机氯残留量逐渐升高，有的国家，如印度，人体脂肪中总双对氯苯基三氯乙烷（又称滴滴涕或者二二三）残留量高达 27.8 mg/kg。此外，某些重金属元素，如铅、汞等，随着外界环境中污染浓度增加，在人体内也出现蓄积情况。

14. 何为环境污染性疾病、公害病？

环境污染性疾病是指环境污染性致病因素在暴露人群中引发的疾病。凡是能污染环境，使环境质量恶化，直接或间接使人体患病的环境污染因素，统称为环境污染性致病因素。在环境污染区域内的人群不分年龄、性别均可发病。常见的环境污染性疾病包括慢性甲基汞中毒、慢性镉中毒、宣威肺癌和军团病等。其中，慢性甲基汞中毒和慢性镉中毒均是因摄入的鱼、贝中汞、镉含量超过人体阈值而引发的疾病，慢性汞中毒主要引起中枢神经系统损伤，慢性镉中毒主要引发肾脏和骨骼损伤。因此，在食用海产品时，应注意防止镉、汞等含量超标。

公害病是指因环境污染引起，由政府认定的地区性环境污染性疾病，具有医学和法律的双重含义。

环境污染性疾病是指因环境污染性致病因素在暴露人群中引发的疾病。

体内汞超标

公害病是指因环境污染引起，由政府认定的地区性环境污染性疾病，具有医学和法律的双重含义。日本政府在《公害健康损害补偿法》中就确认了水俣病、痛痛病、四日市哮喘等为公害病，并规定了有关的诊断标准和赔偿方法。公害病对人群的危害，比生产环境中的职业性危害广泛。凡处于公害范围内的人群，不论年龄大小，甚至胎儿均受其影响；职业性危害则只限于工作地点和在工作时间之内的职工。

形成公害的污染物，一般与构成职业性危害的污染物具有相同的种类

和性质，只是浓度较低。但是，浓度低并不意味着危害轻。

15. 世界范围内发生过哪些著名的环境污染健康 事件？

环境污染健康事件是指违反环境保护法律法规的经济、社会活动与行为，以及意外因素的影响或不可抗拒的自然灾害等原因致使环境受到污染，人体健康受到危害，社会经济与人民群众财产受到损失，造成不良社会影响的突发性事件。

20世纪中期以来，由于经济和工业高速发展，大气污染健康事件在全球范围内时有发生，其中以伦敦烟雾事件、洛杉矶光化学烟雾事件、日本四日市哮喘事件以及中国云南宣威肺癌事件的影响最具代表性。相似地，工业生产以及金属冶炼等过程中产生的污水直接排放到水体和土壤而引发的环境污染健康事件也屡见不鲜。例如，日本水俣市的水俣病事件和富山县神通川区流域的痛痛病事件，以及我国松花江水污染事件都曾严重地危害了当地环境、威胁广大居民的身体健康和生命安全。

16. 何为易感人群和易感性因素？

尽管多数人在环境有害因素作用下仅有生理负荷增加或出现生理性变化，但仍有少数人产生机体功能严重失调、中毒，甚至死亡。通常把对环境有害因素反应更为敏感和强烈的人群称为易感人群（敏感人群）。与普通人群相比，易感人群会在更低的暴露剂量下出现有害效应；或者在相同环境因素变化条件下，易感人群中出现某种不良效应的反应率明显增高。

影响人群对环境有害因素易感性的因素有很多，包括遗传因素和非遗传因素两大类。

在年龄、健康状况、营养状态和行为习惯大体相近的普通人群中，对环境有害因素作用的易感性仍有明显的个体差异，这往往与遗传因素，如性别、种族、遗传缺陷、人体基因多态性等有关。人们早就注意到，遗传缺陷是某些个体对特定的作用因素易感的原因。如先天性缺乏 α 1-抗胰蛋白酶的个体，对刺激性气体非常敏感，易造成肺的损伤。人体内环境应答基因的多态性是造成人群易感性差异的重要原因。

非遗传因素包括年龄、健康状况、营养状态、生活习惯、暴露史、心理状态、保护措施等。婴幼儿解毒酶系统还没成熟，血清的免疫球蛋白水平低；老年人生理、生化、免疫等功能也会降低，因此，婴幼儿和老人对环境有害因素的作用往往更加敏感。在多起急性环境污染事件中，老、幼、病人出现症状加重甚至死亡的人数比普通人群多。如1952 年伦敦烟雾事件期间，年龄在 45 岁以上的居民死亡人数为平时的 3 倍，1 岁以下婴儿死亡数比平时也增加了 1 倍，在 4 000 名死亡者中，80% 以上原来就患有心脏或者呼吸系统疾病。由于不良生活习惯导致的易感性增高，在纠正不良生活习惯之后则可能恢复到正常人群水平，从而减少暴露产生的危害。

17. 何为人群健康效应谱？

环境有害因素可引起不同程度的健康效应，效应由弱到强可分为 5 级，分别为：①污染物在体内的负荷增加，但不引起生理功能和生化代谢的变化。②体内负荷进一步增加，出现某些生理功能和生化代谢变化，但是这种变化多为生理代偿性的，非病理学改变。③引起某些生化代谢或生理功能的异常改变，这些改变已能说明对健康有不良影响，具有病理学意义。不过，机体处于病理性的代偿和调节状态，无明显临床症状，可视为准病态（亚临床状态）。④机体功能失调，出现临床症状，称为临床性疾病。⑤出现严重中毒，导致死亡。

不同级别的效应在人群中的分布称为健康效应谱。这种效应谱有冰山现象之称。临床所见的疾病患者和死亡者只是"冰山之巅"，而不是冰山之全貌。

环境有害因素可引起不同程度的健康效应，效应由弱到强可分为 5 级。

每一种级别的效应在人群中出现的比例是不同的。其中，污染物在体内的负荷增加，但不引起生理功能和生化代谢的变化，这一等级为最弱的效应，但所占比例最大；而死亡为危害最强、效应最严重的等级，所占比例很少。不同级别的效应在人群中的分布类似于金字塔形。因此，不同级别的效应在人群中的分布称为健康效应谱。这种效应谱有冰山现象之称。临床所见的疾病患者和死亡者只是"冰山之巅"，而不是冰山之全貌。但是，只有了解了整个人群反应的全貌，才可能对其危害做出全面的定量评估，为制定预防措施和卫生决策提供可靠的依据。

18. 什么是环境健康风险？

　　环境健康风险，是以风险度作为评价指标，把环境污染物与人体健康联系起来，定量描述污染物对人体健康产生的危害，其实质是

采用统一的危害指标定量地描述各种污染物（如致癌物质、非致癌物质）对人体健康危害的风险度。

19. 为什么不确定性是环境健康风险的重要特征？

在环境健康风险评价中，不确定性是指在估算变量的大小或出现的概率时缺少置信度，或者考虑系统目前和将来的状况时，由于对各种各样的物理及生化过程缺乏足够的认识，或者缺乏足够的实测数据而产生的不可确定风险的组成部分。不确定性的因素有 3 种：①客观世界内在的随机性；②人类对客观世界认识还不完全；③评价方法

本身的误差。不确定性的类型可分为客观的不确定性与主观的不确定性，也可以分为参数的不确定性、模型的不确定性和情景不确定性。

因为环境健康风险评价中的暴露评估和毒性评估具有很大的不确定性，不确定性评估作为环境健康风险评价的结果指导风险管理，是环境健康风险评价的重要特征，贯穿于环境健康风险评价的整个过程，直接影响环境风险评价结果的可靠性。健康风险评价必须对评价结果的不确定性进行分析，确定不确定性的来源、性质以及在评价过程中的传播，尽可能对不确定性做出定量评估，并采用技术手段减少不确定性，从而提高评价结果的可信度，为风险管理者或决策者提供相对准确和科学的信息，便于科学地指导风险管理。

20. 环境健康风险评价的基本模式是什么？

美国国家科学院和国家研究委员会于 1983 年提出环境健康风险评价的四步基本模式，分别是危害评价、剂量反应关系评价、暴露评价和危险度特征分析。

（1）危害评价属于定性风险度评价，它要回答是否有证据表明受评环境因子会对暴露人群的健康产生危害。用于危害评价的信息来源可以是流行病学研究、病例报告、临床研究以及动物实验研究。

（2）剂量反应关系评价是通过人群研究或动物实验的资料，确定适合于人的剂量—反应曲线，并由此计算出评估危险人群在某种暴露剂量下的危险度的基准值。

（3）人群的暴露评价是健康风险度评价中的关键步骤。通过暴露评价可以测量或估计人群对某一化学物质暴露的强度、频率和持续时间，也可以预测新型化学物质进入环境后可能造成的暴露水平。

（4）危险度特征分析是定量风险度评价的最后步骤，也是危险管理的第一步。它通过综合暴露评价和剂量反应关系评定的结果，分析判断人群发生某种危害的可能性大小，并对其可信度或不确定性加以阐述，最终以正规的文件形式提供给健康风险管理人员，作为他们进行管理决策的依据。

21. 环境健康风险交流的目的和作用是什么？

　　环境健康风险交流是指个人、团体以及机构之间进行有关风险信息和公众交换的综合过程。通过有效的环境健康风险交流，可使相关者对环境健康风险以及针对其采取的措施有进一步的理解，同时使他们从可获得的信息中掌握相关的知识。环境健康风险交流的目的可视具体情况而有所不同，一些情况下其主要目的是向相关者通告健康风险的信息，而在另一些情况下则主要是通过交换风险信息，使相关者之间达成某种共识。但是，不论是何种情形，环境健康风险交流的最终目的是使知识与理解、信任与信用以及合作与对话之间完美结合。环境健康风险交流还可以培养公众的主动参与意识、解决问题的思路以及合作精神。通过健康风险交流，人们对风险有了客观的认识，这样就可以在日常生活中采取适宜的行为活动应对环境风险。因此，环境健康风险交流对于建设和谐社会有重要的意义。

　　有效的风险交流是对环境健康风险进行有效管理的关键。它可以建立公众对各级机构应对风险能力的信任。政策制定者、媒体以及公众都期望得到及时和有效的风险信息，因此危险管理者的关键职责之一就是进行有效的风险交流。

　　风险交流在突发事件管理时尤为重要，风险交流不当会使公众变得情绪化，逐渐失去人们的信任。相反，在突发事件发生时进行有效的风险交流可获得公众的支持，克服人们不必要的惊惶，提供所需要的信息和指导人们采取适当的行为活动。风险交流是预防和控制突发事件的重要环节之一。

22. 环境健康风险交流包括哪些阶段？

　　环境健康风险交流包括三个阶段：

　　（1）技术数据提供阶段　只是提供技术数据，并从专业角度进行说明，一般很难被理解，当然也很难被接受。

　　（2）信息提供阶段　除提供信息外，在信息的解释和宣传上下功夫。但是，由于没有考虑信息接受方的意见，导致信息流动只是单向的，而且往往是按照信息提供方的意愿进行。

（3）相互交流阶段　不只是提供信息，而且注意倾听对方的意见，认真讨论，从而达到交流的真正目的。

23. 什么是环境健康风险管理？

环境健康风险管理是指鉴别、评价、选择和采取措施，降低环境健康风险的过程。它的目的是在充分考虑社会、文化、伦理、政治以及法律等方面因素的情况下，采取科学和高效的综合措施降低或预防环境健康风险。

24. 环境健康风险评价中如何考虑低剂量暴露的生物效应？

　　低剂量环境暴露的生物效应是环境健康风险度评价中的重要话题，尤其是低剂量暴露的兴奋效应问题。低剂量暴露的兴奋效应是指某些化学、物理因素在低剂量时对生物群体产生兴奋效应（保护效应）而在高剂量时产生抑制效应（损害效应）的现象。有兴奋效应现象的化学物质的生物作用往往呈 β 形或 U 形的剂量—反应曲线。β 形曲线反映一类化学物质在低剂量时对某些有益的生物学反应终点，如生长率、寿命、生殖等，产生促进作用，而在高剂量时显示抑制作用。U 形曲线代表某些化学物质在低剂量时降低某些有害反应如致突变、致癌、出生缺陷等的发生率，而在高剂量时增加这些有害效应的发生风险。

为了客观反映低剂量暴露兴奋效应的影响，今后在环境健康风险评价过程中应注意以下几点：①建立能够反映低剂量暴露的兴奋效应现象的剂量反应关系模型。②在流行病学和毒理学进行实验设计时，合理选择剂量范围，考虑低剂量暴露的兴奋效应的影响。③改进现行的化学物质致癌试验方法，以便能够观察到受试物低剂量暴露的兴奋效应。④根据具体情况，判断低剂量暴露的兴奋效应的意义，合理地进行健康风险度评价和管理。

25. 为什么在非致癌物的健康风险评价中推荐使用基准剂量？

基准剂量是指依据动物实验剂量—反应关系的结果，用一定的统计学模型求得的受试物引起一定比例（定量资料为 10%；定性资料为 5%）动物出现阳性反应剂量的 95% 可信限区间下限值。它是依据临界效应的剂量—反应关系的全部数据推导出来的，增加了其可靠性和准确性。另外，基准剂量值是采用引起反应剂量值的 95% 可信限下限，在计算时必须把试验组数、试验动物数及指标观察值的离散度等作为参数纳入，这样基准剂量的值才能够反映剂量—反应关系和所用资料的质量的高低。

与传统的有害效应的剂量水平法相比，基准剂量受实验设计的影响较小，它利用了实验中剂量反应关系的全部数据，而不是依据一个点值，因此所得的结果可靠性、准确性较好。基准剂量法采用95%可信区间下限值，因而可反映实验本身的变异程度。基准剂量法不仅便于对不同研究结果进行比较，而且在未直接观察到有害效应的剂量水平的数据中，也可通过计算推出基准剂量值。

26. 儿童的环境健康风险评价有什么特点？

由于有关资料的缺乏，现行的环境健康风险度评价在暴露评价、剂量—反应关系确定过程中往往未能从生理特点、暴露特征上充分考虑儿童的具体情况。由于生物膜、受体以及药物代谢酶等的特性在生长发育过程中都会有所变化，因而在暴露环境化学物质之后，婴幼儿、儿童可能表现出与成人截然不同的反应。儿童的一些正在发育的组织和器官可能对化学物质更为敏感。婴幼儿和儿童单位体重的进食、饮水和呼吸量与成人有明显差别。不同活动状态下，儿童每小时的呼吸量接近甚至高于成人。婴幼儿和儿童还可能通过一些独特的途径，例如经手—口方式摄入污染物，或者以独特的方式（如在地上玩耍等）接触污染物。由此可见，在同样的外暴露情况下，内暴露水平在婴幼儿和儿童与成人会差别很大。需根据实际情况提出问题再进行系统评价，即对生命各阶段的暴露及其效应进行分析，最后给予综合和总结。

儿童的一些正在发育的组织和器官可能对化学物质更为敏感，因而在暴露环境化学物质之后，婴幼儿、儿童可能表现出与成人截然不同的反应。

27. 在环境健康风险评价中，如何考虑环境与基因的交互作用？

人类的健康或疾病状态是由遗传因素与环境因素相互作用的结果。在同样的环境因素暴露情况下，不同个体之间的反应可以差别很大，而这种差异往往与人群中遗传多态性有关。

大量研究表明，人类的健康或疾病状态是由遗传因素与环境因素相互作用的结果。在同样的环境因素暴露情况下，不同个体之间的反应可以差别很大，而这种差异往往与人群中遗传多态性有关。由于遗传多态性导致受体、受体的信号转导系统、酶等蛋白的多态性，因此可对环境污染物的有害作用造成差异。

目前的环境健康风险度评价一般是基于一般人群的平均暴露资料及效应数据，对人群中的个体差异，特别是遗传多态性的影响没有客观的判定依据。为此，在人类基因组计划的基础上发展形成了环境暴露组学。美国国立环境卫生科学研究所于 1998 年启动的环境基因组计划，标志着人类开始系统地对环境与基因相互作用所产生的健康影响进行深入的探讨。

不久前，环境基因组计划的第一阶段任务已经完成，与环境化学物毒性有关的 214 个基因的单核苷酸多态数据库已经建立。这些数据将减少环境健康危险度评价中的一些不确定因素，有助于准确地评估对环境因素反应的个体差异，从而指导人们改变一些生活方式，避免环境因素的有害效应。随着环境基因组学研究的深入，环境健康风险度评价的科学基础将得到进一步完善。

28. 环境基准与环境标准是一回事吗？有哪些异同点？

环境基准与环境标准是两个不同的概念。

环境基准是指在特定条件下某污染物或有害因素暴露于不同环境和对象与其所产生的有害危险度之间的关系，反映的是污染物与效应的关系，是通过科学研究得出的对人群不产生有害或不良影响的最大剂量（浓度），是根据剂量—反应关系和一定的安全系数确定的。它不考虑社会、经济和技术等人为因素，不具有法律效力。

环境标准是国家为了保护人群健康和生存环境，对环境污染物（或有害因素）允许含量（或要求）所做的规定。环境标准考虑社会、经济、技术等因素，经过综合分析制定，由国家行政主管部门制定，具有法律的强制性。环境标准体现国家的环境保护政策和要求，是衡量环境是否受到污染的尺度，是判断环境质量和衡量环保工作优劣的准绳，更是环境规划、环境管理和制定污染物排放标准的依据。

环境基准和环境标准既有区别又有联系。两者最大的区别在于，环境基准是具有推荐性的污染物浓度的科学参考值，不具有法律效力。而环境标准是以环境基准为依据，具有法律强制性。但两者的联系又在于，环境基准是环境标准的科学依据，环境基准的数值决定了环境标准的基本水平。标准的修订工作则根据基准及有关科学成果的进展进行。环境标准规定的污染物容许剂量或浓度限值原则上应小于或等于相应的环境基准值。

	环境基准	环境标准
定义	根据环境中有害物质和机体之间的剂量—反应关系，考虑敏感人群和暴露时间而确定的对健康不会产生直接或间接有害影响的相对安全剂量（浓度）	以保护人群健康为直接目的，对环境中有害因素提出的限量要求以及实现这些要求所规定的相应措施。它是评价环境污染对人群健康危害的尺度
二者关系	标准的科学依据	基准内容的实际体现
法律效力	无	有

HUANJING YU JIANKANG

环境与健康 ZHISHI WENDA
知识问答

第二部分
主要研究方法

29. 环境与健康有哪些研究方法？

　　环境与健康关系是环境卫生学研究的核心问题。为阐明环境对人群健康的影响，必须运用现代自然科学分析技术来了解环境因素的物理、化学和生物学性质、特征。同时结合现代生物和医学领域中的先进理论和技术，认识机体受到外环境因素影响时所引发的体内各种生理、生化和病理学反应等。在进行环境与健康关系研究时，需要宏观和微观相结合，人群调查与实验室研究相结合。因此，这就需要借助环境流行病学和环境毒理学这两种最主要的方法，它们是环境与健康研究中相辅相成的两个方面，相互验证，相互促进。

30. 如何进行环境暴露评估？

　　暴露评估是运用环境医学、流行病学及环境毒理学相关的方法对研究因素的理化特征、排放情况；在环境中的转归和分布、暴露途径、浓度、持续时间、频度及暴露人群的特征进行定性和定量的描述。暴露评估注重量化人群在日常生活中的持续暴露风险，评估影响这些风险的因素，并试图探索新的方法和模式应用于风险评估。通过暴露评估可以测量或估计人群对某一化学物质暴露的强度、频率和持续时间，也可以预测新型化学物质进入环境可能造成的暴露水平。环境暴露评估主要包括三种方法：①接触点测量法。测量暴露个体接触待评物质的浓度和时间，有些综合性技术成本低且容易操作但测量结果准确性相对较低；有些花费较高，可操作性差（如个体连续采样），需要受试者配合，但其测量结果具有较高的准确性。②情景评估法。需要测量待评物质的浓度和接触时间资料，以及暴露人群的相关信息。待评物质浓度可以通过样本采集和检测得到，也可通过迁移模型估计。暴露人群的行为和体质特征资料可以通过流行病学调查获得。③剂量重建法。该法利用暴露者的身体负荷或特异性生物标志物数据，选择并构建生物模型，揭示暴露物在人体内的作用过程。

31. 影响健康的环境污染因素有哪些？

从环境污染物暴露的途径来说，影响健康的环境因素主要包括大气、水、土壤、物理因素和生物因素。

大气污染包括天然污染和人为污染两大类。天然污染主要是自然原因导致的，例如沙尘暴、火山爆发、山林火灾等。人为污染则是人们的生产和生活活动造成的，包括工农业生产、生活炉灶和采暖锅炉及交通运输等。

水污染是指人类活动排放的污染物进入水体，其数量超过了水体的自净能力，使水和水体底质的理化特性以及水环境中的生物特性、组分等发生改变，造成水质恶化，从而影响水的使用价值，乃至危害人体健康和破坏生态环境的现象。

土壤污染是指在人类生产和生活活动中排出的有害物质进入土壤中，超过一定限量，直接或间接地危害人畜健康的现象。

物理因素是指对机体产生有害作用的物理性危险因素，主要包括噪声、振动、核辐射、电磁辐射、热辐射等。

生物污染是指自然环境中的许多生物（动物和植物）均具有对其接触的动物或人产生毒害物质，这些有毒物质可以通过皮肤接触、呼吸道吸入和经口摄入等途径作用于人体，造成危害。

32. 环境暴露测量的方法有哪些?

环境暴露测量方法分为两大类，一是间接评价，包括人群的模型暴露测量和环境监测测量；二是直接评价，包括个体暴露测量和生物暴露测量。

模型暴露测量是指通过模型假设估计人群在不同情景下的暴露浓度和接触时间，进行模拟推算。环境监测是指长期、连续、系统的监测及测定环境污染物在环境暴露中的各种因素，经过科学分析后反馈给相关机构，从而为环境管理、污染源控制、环境规划等提供科学依据。个体监测是指直接采用测定人体与环境介质接触点上的暴露浓度和接触时间，并对搜集到的数据进行整合评价。生物暴露测量是指通过测量人体生物学标志物来估计已经进入人体的污染物的暴露水平。

33. 什么是外暴露？什么是内暴露？

环境外暴露是指针对人群接触的环境介质中的某种环境因素的浓度或含量，根据人体接触的特征（如接触时间、途径等），估计该环境因素的个体暴露水平。例如在调查空气污染时，可以采用个体的空气采样器较精确地估计个体暴露情况。

环境内暴露指在过去一段时间内已吸收至人体内的污染物量，通过测定生物材料（血液、尿液等）中污染物或其代谢产物的含量来确定。例如以血铅和血汞分别代表铅和汞的内暴露剂量；以血尼古丁的含量作为香烟的内暴露剂量。

34. 暴露评估时抽样的策略应注意哪些问题？

在暴露评估时，为了保证所抽取的样本能够代表总体，科学的抽样策略为样本结果外推到总体提供了保障。抽样策略包括数据质量目标、抽样设计和计划、标准样本和空白对照的使用、背景值估计、

质量控制措施、历史数据的检验，以及分析方法的选择和检验。具体应注意以下几个方面：

①在制定数据质量目标时应综合考虑所需要的数据、成本—效益，以及检测效力；②抽样计划中须指明样本的选择和处理；③实验计划中应有清晰的说明，工作人员须按照计划中的指示采集、准备、保存和检测样本；④质量控制计划应包括满足良好运作实验室应具备的一系列要求、标准操作规范等，进而减小暴露评估误差；⑤评估中还需要应用既往已有的数据，根据应有的质量保证合理外推，使暴露评估结果应用到目前研究中时具有可靠性。

35. 什么是健康效应评估？

　　健康效应评估，是定性和定量分析环境污染引起人体生理结构和功能反应及变化的分析过程。这种分析不能仅以人体是否出现疾病的临床症状和体征来评价环境污染的存在与否，还应当观察这种污染对人体正常生理及生化功能的影响，及早发现临床前期变化。健康效应评估在很多方面均得到了广泛的应用，例如，1948—1952 年，英国对吸烟与肺癌的关系研究中，从伦敦 20 所医院及其他地区选取肺癌患者 1465 例。每一病例按照性别、年龄、职业等与一个非肺癌对照，调查两者吸烟暴露情况。经计算发现，肺癌病人中吸烟比例远远大于对照组，差别显著；尤其是肺癌病人在病前 10 年内大量吸烟者（＞ 25 支 / 天）显著多于对照组；且随着吸烟量增加，肺癌发生率与死亡率也在升高。

36. 什么是健康效应的生物标志？

　　生物标志是可供客观测定和评价的一些普通生理、病理或治疗过程中某种特征性指标。通过对生物标志的测定可以获知机体当前所处的生物学过程的变化进程，并提示机体由于接触各种环境因子所引起机体器官、细胞、亚细胞的生化、生理、免疫和遗传等任何可测定的改变。生物标志分为三类：暴露生物标志、效应生物标志和易感性生物标志。

　　暴露生物标志是指与疾病或健康状态有关的暴露因素的生物标志，一般指机体生物材料中外源性化合物及其代谢产物或前者与体内生物大分子相互作用产物。例如病毒、细菌和生物毒素等。

　　效应生物标志是指机体内可测定的生化、生理或其他方面的改变。例如突变的基因、畸变的染色体、特异的蛋白质等。

易感性生物标志是指示机体接触某种特定环境因子时的反应能力的一类生物标志物，如药物代谢酶的多态性、基因多态性等。

37. 环境污染的健康效应包括哪些方面？

健康效应评估中，根据研究的目的和需要、各项健康效应的可持续时间、受影响的范围、人数以及危害性大小等，选取适当的调查对象和健康效应指标进行测量和评价。健康效应测量主要包括疾病频率的测量和生理功能测量。疾病频率常用指标有：发病率、患病率、死亡率等；生理功能测量有生理生化、血液、免疫、影像、遗传和分子生物学等指标。

38. 环境毒理学评价的方法有哪些？

环境毒理学评价方法包括一般毒性研究和特殊（致癌、致畸、致突变）毒性研究方法。

一般毒性研究方法是评价污染物在长期小剂量作用下对机体产生的损害和特点，获得剂量—反应关系资料，一般给予受试的试验动物（如大小鼠、兔子等）待研究的有毒物质，通过模拟人群的暴露途径进行特定的染毒，定性或定量地观察其各种主要大体指标或病理指标，包括经典的急性毒性试验、蓄积性毒性试验、亚慢性和慢性毒性试验。

特殊毒性研究主要研究化学性和放射性物质的致突变作用以及人类接触致突变物可能引起的健康效应，其主要目的是应用敏感检测系统，发现和探究致突变物，提出评价致突变物健康危害的方法。遗传毒性研究方法按检测终点可分为 4 类：①反映原始 DNA 损伤的试验，如姐妹染色单体交换（SCE）试验；②反映基因突变的试验，如 Ames 试验和哺乳动物细胞基因突变试验；③反映染色体结构改变的试验，如微核试验；④反映非整倍体性试验，如染色体畸变试验。

39. 毒理学评价的指标包括哪些？

毒理学评价的指标一般包括急性毒性、慢性和亚慢性毒性以及蓄积毒性等多种指标。

急性毒性的评价指标主要为半数致死剂量（LD_{50}），即能够使得受试动物死亡数量达到一半的毒物剂量浓度。

慢性和亚慢性毒性评价指标包括观察到有害作用的最低剂量（LOAEL）和未观察到有害作用的最高剂量（NOAEL），以及特异性指标等。

蓄积性毒性评价指标包括蓄积系数（K）和生物半衰期（$T_{1/2}$）。蓄积系数指多次接触达到预期效应的累计剂量与一次接触能出现相同效应剂量的比值。生物半衰期是用毒物动力学原理描述化学毒物在机体内的蓄积作用。

40. 毒理学评价中剂量反应评定的指标有哪些？

毒理学评价中，常用的剂量反应评定指标有：未观察到有害效应的最高剂量水平，观察到有害效应的最低剂量，参考剂量，可接受的日摄入量和致癌强度系数。

　　未观察到有害效应的最高剂量水平（NOAEL） 又称最大无效应剂量，即通过实验观察得到的，在一定暴露条件下，对靶机体未引起任何可检查出的形态、功能、生长、发育或寿命方面变化的最高剂量水平。

　　观察到有害效应的最低剂量（LOAEL）又称有害效应最低剂量，即通过实验和观察发现的，能在靶机体内引起可与正常机体内发生的相区别开的任何形态、功能、生长、发育或寿命方面变化的最低剂量水平。

　　参考剂量（RfD）是环境介质（空气、水、土壤等）中人群某物质的日平均暴露剂量的估计值。人群（包括敏感人群）在终生接触某物该剂量水平的条件下，预期一生中发生非致癌或非致突变有害效应的风险可低至不能检出的程度。

可接受的日摄入量（ADI）是正常人以身体质量为基础表示的某一物质每日最大的估计摄入量。在此剂量下，终生每日摄入该物质不会对身体健康造成任何可测量出的健康危害。

致癌强度系数（CPF）是实验动物或人群终生持续暴露于一个单位浓度时，终生超额致癌的概率。

41. 环境有害物质对健康的毒性作用主要包括哪些？

环境有害物质对健康的毒性作用包括急性作用、慢性作用、致畸作用和致癌作用。

急性作用是指机体一次（或 24 小时内多次）接触外来化合物之后所引起的中毒效应，甚至引起死亡。

慢性作用分为三类：①非特异性影响，是指在污染物长期作用下，机体生理功能、免疫功能、对环境有害因素作用的抵抗力明显减弱，对生物感染敏感性增强，健康状况逐步下降，表现为人群患病率、死亡率增加，儿童生长发育受到影响。②慢性作用，是指在低剂量环境有害物质作用下，可直接造成机体某种慢性疾病。③持续性蓄积危害，是指有害物质进入机体后能长时间贮存在组织和器官中，长期暴露会在人体内持续性蓄积，使污染人群体内浓度明显增加，在机体出现异常时，可能从蓄积的器官或组织中动员出来对机体造成损害。

致畸作用是指环境有害物质能引起胚胎发育紊乱而导致胚胎形

态、结构、功能、代谢、精神和行为等方面的异常。

致癌作用是指部分环境有害物质能引起机体恶性肿瘤发生增多。

42. 环境有害物质产生毒作用的途径有哪些？

环境有害物质进入人体的途径有呼吸道、消化道和皮肤。呼吸系统主要功能是与外界进行气体交换。在呼吸过程中，外界环境中的多种物质均可以进入呼吸系统，如微粒物、气体、挥发性或可挥发性的蒸气或气雾剂。消化道的主要功能是食物的消化吸收，同时也是吸收环境中有害物质的主要途径。人们可能食用微量的金属毒物、真菌污染的谷物、农药或生物毒物污染的食品从而产生毒性或慢性效应。

皮肤主要由表皮和真皮组成。通过表皮的有害物质可经真皮层的微血管扩散输入体循环系统。

43. 影响环境有害物质毒作用的因素包括哪些？

　　影响环境有害物质毒作用的因素有五个方面，包括有害物质本身的性质和毒性、暴露途径、暴露剂量、暴露时间以及各种有害物质间的相互作用。

　　有害物质本身的性质和毒性：如二氧化硫，在大气中氧化为三氧化硫，再溶于大气中的水后形成硫酸雾，毒性将会增强 10 倍。

　　暴露途径：暴露途径的不同，会有不同的吸收率，如金属汞，经口摄入时，由于经消化道吸收的量甚微，其危害小；但若以汞蒸气的形式经呼吸道吸入，其在肺内吸收快，毒性也大。

暴露剂量：针对大多数有害物质，只有达到或大于某一剂量（阈剂量）才产生效应，低于阈剂量则不产生效应。

暴露时间：暴露频度高，即间隔期短，靶部位的浓度蓄积到有害作用水平的期间越短；相反，暴露间隔期越长，靶部位浓度蓄积到有害作用水平的时间越长，甚至永远蓄积不到有害作用的水平。

有害物质间的相互作用：多种有害物质同时存在时，往往在体内呈现十分复杂的交互作用，使机体毒性效应发生改变。如异丙醇对肝脏无毒，但当其和四氯化碳同时进入机体时，则可使四氯化碳的毒性大大高于其单独作用。

44. 什么是环境流行病学？

　　环境流行病学是流行病学的一个分支学科，是运用流行病学的原理和方法来研究人类环境与健康相互关系的科学，是流行病学在环境医学中的实际应用。

　　环境流行病学通过对群体进行回顾性或前瞻性调查研究，阐明环境暴露对人群健康的影响，研究环境因素与人群健康效应之间的规律。尤其是环境因素和人群健康之间的相关关系和因果关系，即阐明暴露—效应关系，为探索影响人群健康的环境因素、消除环境污染、防治疾病，以及为环境卫生标准和预防措施的制定等提供理论依据。

　　环境流行病学主要是研究环境暴露与人群健康效应，求证暴露—

效应关系，其主要对象为环境暴露、健康效应、环境暴露和健康效应的关系三部分内容。环境流行病学研究过程中必须首先进行环境暴露水平的定量评价，即以"环境暴露为中心"；其次是健康效应，主要在人群中进行观察研究，运用流行病学研究方法找出危害健康的决定因素（如病原因子、致病危险因子、致病条件等）。其特点有：①研究人群的多样性；②环境暴露复杂；③缺乏特异的环境污染健康效应终点判定指标；④参数的缺失和相关数据难以获得；⑤对结果的分析和解释需慎重。

45. 什么是生态学设计？

生态学设计是以群体为观察、分析单位，描述不同人群中某种因素的暴露情况与疾病的频率，从而分析暴露与疾病关系的一种流行病学研究方法，分为生态比较研究和生态趋势研究。

生态比较研究是生态学研究中应用较多的一种方法。生态比较研究中最为简单的方法是观察不同人群或地区某种疾病的分布，然后根据疾病分布的差异，提出病因假设。这种研究不需要暴露情况的资料，也不需要复杂的资料分析方法，如描述胃癌在全国各地区的分布，得到沿海地区的胃癌死亡率较其他地区高，从而提出沿海地区环境中如饮食结构等可能是胃癌的危险因素之一。生态比较研究更常用来比较在不同人群中某因素的平均暴露水平和某疾病发生率之间的关系，即比较不同暴露水平的人群中疾病的发病率或死亡率，了解这些人群中暴露因素的频率或水平，并与疾病的发病率或死亡率作对比分析，从而为病因探索提供线索。

生态趋势研究是连续观察不同人群中某因素平均暴露水平的改变和（或）某种疾病的发病率、死亡率变化的关系，了解其变动趋势，通过比较暴露水平变化前后疾病频率的变化情况，来判断某因素与某疾病的联系。

46. 什么是现况研究？

现况研究，也称为患病率研究，是按照事先设计的要求，在特定的时间内，应用普查或抽查的方法收集某一特定人群中有关因素与疾病或健康状况的资料，并对疾病的分布、疾病与因素的关系进行描述。由于现况研究所获得的描述性资料是在某时点或某一短暂的时间内收集的，并客观地反映了该时点的疾病分布与人群某些因素之间的关联，如同时间上的一个横断面，因而也称为横断面研究或横断面调查。

由于现况研究所获得的描述性资料是在某时点或某一短暂的时间内收集的，并客观地反映了该时点的疾病分布与人群某些因素之间的关联，如同时间上的一个横断面，因而也称为横断面研究或横断面调查。

●某地点   20：15

某时间

47. 什么是病例交叉研究？

　　病例交叉研究作为评价环境污染相关健康效应的应用最广泛的研究设计类型之一，由美国学者麦克卢尔（McClure）于 1991 年首先提出，最初的设计是为了避免病例对照研究的选择偏倚，主要用于评价短期暴露对急性健康效应的影响。

　　病例交叉研究本质上是 1 ∶ 1 匹配的病例对照研究的衍生类型，其主要思想是采用自身对照的方式，控制了性别、个人习惯、社会经济因素和遗传条件等个体特异性的混杂因素，通过比较相同研究对象在急性事件发生前一段时间（危险期）的暴露情况与未发生事件的某段时间内（对照期）的暴露情况，以判断暴露危险因子与某事件有无关联及关联程度大小的一种观察性研究方法。如果暴露与某急性事件有关，那么危险期内暴露水平或频率应比对照期内更高。

根据对照期与急性事件发生时间的先后，病例交叉研究可以分为单向病例交叉研究（对照期仅为事件发生前的时间）和双向病例交叉研究（对照期包括事件发生前和发生后的时间）。在统计分析上，病例交叉设计与匹配的病例对照研究基本类似。

48. 什么是时间序列分析？

在环境污染健康效应相关研究中，当获得的污染物暴露水平与健康结局（入院或死亡人数等）等资料均为按时间先后形成的序列数据时，若研究二者之间的关联性，则需采用时间序列分析的思想。由于污染物的健康效应可能会受到温度和相对湿度等气象因素的影响，而气象因素对健康的作用方式往往较为复杂，且通常无法简单地用线性关系来解释。

广义相加模型（GAMs）则可处理这种自变量与因变量之间非线性关联或者关系未知的情形，该模型由哈斯蒂（Hastie）和蒂施莱尼

（Tibshirani）在 1984 年最先提出，并在 1990 年进行了系统论述。GAMs 是广义线性模型（GLM）和可加模型的结合，是对广义线性模型的推广，不仅因变量在资料类型上可服从正态、二项、泊松等多种分布，且自变量与因变量之间的关系也不再限于线性形式。在环境污染健康效应相关研究中，温度、湿度等气象因素对健康结局的混杂影响通常被设定为非线性形式予以调整，而其在模型中的具体函数形式是由数据驱动进行估计的。

曾有研究对上海市 2001 年 1 月 1 日至 2004 年 12 月 31 日每日死亡数据按疾病分类提取出非意外死亡、呼吸系统疾病死亡和心血管疾病死亡资料，同时收集同期上海市环境监测中心六个固定监测站的污染物日均浓度（包括 PM_{10}、SO_2、NO_2、O_3）。相对于全人群，因变量每日死亡人数近似服从泊松分布，因而在构建广义相加模型时，因变量需取对数线性形式，时间趋势和温度、湿度的影响则设定为非线性形式，进而探讨各污染物对死亡率的线性影响。结果显示，各污染物浓度的升高均与人群死亡率有关。此外，通过分层分析发现，不同性别、年龄和教育程度的人群对污染物暴露的死亡风险有所不同，且在不同季节里，大气污染物对人群死亡结局的作用效应也有一定差异。

49. 什么是前瞻性队列研究？

队列研究是流行病学研究中的重要方法之一，它通过直接观察危险因素暴露不同的人群的结局来探讨危险因素与所观察结局的关系。前瞻性队列研究是判定暴露与结局因果关联的重要手段，且由于研究者可以直接获取关于暴露与结局的第一手资料，因而资料的偏倚较小，结果可信；但所需观察的人群样本很大，观察时间长、花费大，因而影响可行性。

前瞻性队列研究是目前国际上公认的评价环境污染对人群健康影响的最理想的方法，在环境流行病学研究中主要用于评价环境污染对人群的慢性健康效应。以哈佛六城市的一项研究为例，为研究大气污染物的长期暴露对人群死亡率的影响，研究人员于1974—1977年从美国6个城市中先后随机纳入共8111名25～74岁的白种成年人，并对研究对象进行了长达14～16年的队列研究。由于随访终止时间定于1991年3月或6月（取决于最后一次随访时间），因而会出现失访资料，故研究采用生存分析中的寿命表等方法进行生存时间和生存率的比较，同时采用Cox比例风险回归模型探讨影响生存时间的因素。分析结果发现，抽烟对死亡率的影响最大，在控制了抽烟和其他健康危险因素后，空气污染程度与人群肺癌、心血管疾病和总的非意外死亡率之间均呈现有统计学意义的正相关关联。与轻污染地区相比，重污染地区调整后的死亡率是其 1.26 倍（95% 置信区间为 1.08～1.47）。

50. 人群队列研究一定能够得到因果关系吗？

队列研究中，一般是病因发生在前，疾病发生在后，因果现象发生的时间顺序合理，具有较好的检验病因假说的能力。但是，当以人群作为研究对象时，由于人群处于复杂的生态系统中，往往人体的疾病与暴露之间呈现多因素、多因果的关系，因此，即使在队列研究中也很难明确因果关系。同时由于环境暴露大部分是低水平、长期作用于人群，在环境流行病学研究中，健康效应常表现为"弱效应"，环境有害因素暴露所致疾病的相对危险度很低，一般小于1.5，常难以获得明确的暴露—反应关系的类型、反应曲线的形态等精确数据，而且容易受到混杂因素的影响。所以，还需要结合环境毒理学中对污染物毒性、毒理机制的研究，从而确证因果关系。单独的人群队列研究不能够得到因果关系。

51. 什么是定组研究？

在环境流行病学中，固定群组追踪研究是根据研究目的选择有代表性的研究对象，并对这一固定群组进行短期（一般不超过半年）且密集的追踪观察，从个体水平上分析环境污染短期暴露与人群急性健康效应之间的关系。固定群组追踪研究的时间跨度一般较短，通常

短则 2 周，长则数月，由于旨在有限的观察时间内探讨环境污染的急性健康效应，因而大多数相关研究选择的目标人群通常为老人、儿童或患有相关疾病的易感人群。

固定群组追踪研究通常是对相同研究对象的同一观察指标在不同时间点上进行的多次测量或记录，属于重复测量资料，即纵向数据。重复测量设计可有效控制个体变异，从而大大减少样本量，但由于同一个体在不同时间上的测量值之间可能存在某种相关关系，不满足传统的线性回归模型中要求应变量独立的条件，因而重复测量资料需采用特定的统计分析方法进行处理。在探讨环境污染对人群健康效应的研究中，通常采用广义估计方程和混合效应模型进行统计建模。这两种统计模型均可用于处理重复测量数据，广义估计方程中作业相关矩阵的应用，混合效应模型中随机效应的设定，有效地解决了纵向数据中应变量的相关问题。

例如，在一项研究中，为探讨交通污染颗粒物中的多环芳烃（PAHs）和醌类化合物对机体氧化应激水平的影响，研究人员选择一所大学校园的两名年轻男性门卫作为研究对象，两名门卫均在同一地点工作，每天工作时间 8 小时，均为中午 12：00 至晚上 20：00，且均无吸烟史。2006 年 11 月 17 日至 2007 年 1 月 13 日共 58 天的研究期间，每名研究对象均隔天（每人 29 天）通过颗粒物采样器测定 $PM_{2.5}$ 中 PAHs 和醌类物质的个体暴露情况，同时在每日中午 12：00 前 1 小时（工作前）和晚上 20：00 后 0.5 小时（工作后）之内采集尿液样本并分析其中 8- 羟化脱氧鸟苷的含量。结果发现，和工作前相比，工作后尿液中 8- 羟化脱氧鸟苷的含量升高了 3 倍以上；且 $PM_{2.5}$ 中 PAHs 和醌类物质浓度与研究对象工作后尿样中 8- 羟化脱氧鸟苷的含量呈正相关关系。

52. 什么是现场干预研究？

现场干预试验指将某一现场总体研究人群随机分为实验组和对照组，研究者向实验组人群施加某种干预措施，对照组人群不给予干预措施或给予标准化干预措施，然后随访比较两组人群的结局（如疾病的发生、治愈和健康状况等）有无差别及差别的大小，以判断干预措施效果的一种前瞻性实验研究方法。

现场干预试验具有以下特点：①前瞻性。必须随访研究对象至某一观察终点结束。②随机化。两组研究对象必须是来自同一总体的随机样本或分组时遵守随机化原则。③设立对照。对照组除干预因素外，其他有关各方面必须与实验组近似或可比。④干预措施。现场干预研究必须对实验组施加干预措施，如疫苗接种或环境改造等。⑤研究是在现场，不是在实验室或临床。

2008 年北京奥运会和残奥会期间，北京实施了大量空气污染控制措施，奥运会前后大气污染水平发生急剧变化。例如北京地区颗粒物和气态污染物浓度水平从奥运会前至奥运会期间下降了 13% ~ 60%，其中二氧化硫浓度水平下降 60%、一氧化碳下降 48%、二氧化氮下降 43%、$PM_{2.5}$ 下降 27%。奥运会之后，污染物的浓度水平总体上升。

科研人员在奥运会前、中、后五个月密集追踪了 125 名北京地区健康年轻人的炎症和血栓形成等生物性标志物水平的变化。研究发现，125 名志愿者的可溶性血小板选择蛋白平均水平由奥运会前的 6.29 ng/mL 降低至奥运会期间的 4.16 ng/mL，下降了 34%；血管假性血友病因子水平降低 13.1%；这两项指标是诱发血栓形成的因素。但在奥运会结束后，随着空气污染的逐渐加重，这些指标又呈现增高趋势。

53. 如何利用空间流行病学方法研究环境与健康的关系?

　　流行病学研究资料中往往包含着大量与空间因素相关的信息。过去除了地理流行病学和移民流行病学等少数的研究外,其他类型的研究并不十分重视对空间信息的利用。近年来,随着地理信息系统和空间分析技术的发展,人们认识到空间信息对流行病学研究的巨大价值,一门新兴的流行病学分支——空间流行病学应运而生,它的出现也为宏观流行病学提供了更为强大的分析工具。

　　空间流行病学是指利用地理信息系统和空间分析等技术,描述和分析人群疾病、健康和卫生事件的空间分布特点及其发展变化规律，探索影响特定人群健康状况的决定因素，为防治疾病、促进健康以及卫生服务提供策略和措施。其主要研究内容包括疾病制图、点源或线源危险因素评估、疾病聚类分析、地理学相关研究等几个方面。作为流行病学的一个分支学科，传统流行病学中的概念与方法在空间流行病学中仍然适用。如病例—对照研究、生存分析等。但空间流行病学更加强调空间思维，强调对数据空间信息的挖掘利用。要求研究者从空间维度、时间维度、属性维度等分析解决问题。

在环境流行病学研究中，污染物暴露通常是一个重要方面。例如，在研究空气颗粒物对人群长期影响时，传统的环境流行病学研究都是采用研究所在城市的地面监测站点的污染物平均浓度来估计人群暴露水平，或者把研究区域限定在监测站点一定半径内。这种方法忽略了城市内部人群的暴露水平差异，很可能低估颗粒物对人体健康的影响及其关联程度。而空间流行病学中的 GIS 技术和遥感技术，由于其宏观、动态的特点，既可以满足大范围监测的需要，也可动态跟踪空气污染事件的发展过程。在环境流行病学研究中有很大应用价值。

2008 年开始，欧洲开展了为期 4 年，横跨 17 个国家，包含 44 个城市，几十万人的欧洲空气污染对健康影响的大型队列研究，旨在研究空气污染的长期暴露对欧洲人群的健康影响。在这些研究中，研究对象的空气污染暴露评估采用土地利用回归模型，该方法是基于 GIS 技术和统计学方法，结合土地利用、地理信息和交通信息等来解释污染物空间浓度的变化，对研究区域内欧洲 40 个城市的 PM_{10}、$PM_{2.5}$、NO_2、NO_x，以及 PM_{10}、$PM_{2.5}$ 中的 Cu、Fe、K、Ni、V、S、Si、Zn 等的浓度及其空间变异进行估计，且利用 GIS 技术将暴露评估精确到研究对象住所水平。结果发现，空气颗粒物的暴露和肺癌发生之间存在统计学关联，PM_{10} 暴露每增加 $10\mu g/m^3$，肺癌的发病率增加了 19.8%；$PM_{2.5}$ 暴露每增加 $5\ \mu g/m^3$，肺癌的发病率增加了 16.6%。

2010 年 9 月 NASA 公布了一张全球空气质量地图。研究人员根据 NASA 搭载在 Terra 卫星上的两台监测仪（MODIS 和 MISR）获得的遥感图像，提取全球的气溶胶光学厚度数据，结合化学传送模型，绘制了 2001 年至 2006 年分辨率为 $10km \times 10km$ 的全球细颗粒物浓度平均值分布图。该图显示，$PM_{2.5}$ 质量浓度最高地区出现在中国东部地区，$PM_{2.5}$ 平均质量浓度超过 $80\mu g/m^3$；基于人口权重的全球 $PM_{2.5}$ 平均质量浓度为 $20\mu g/m^3$；在亚洲地区，超过 50% 的人生活在超过 WHO 限定标准 $35\mu g/m^3$ 的空气环境中。

54. 累计暴露指数法在环境流行病学中的应用有哪些？

累计暴露指数法是对个体灾害暴露进行定量测量和评价的研究方法，最早由法国 Verger 教授首次用于法国东南部洪水灾后的心理应激评估中。他通过对文献资料和亲自收集的洪灾资料进行主成分分析，分别建立了两个洪灾的累计暴露指数，结果显示不仅两个指数之间密切相关，而且指数与实际的洪灾损失密切相关。多元回归结果显示，用该指数作为洪灾暴露量的测量，则洪灾暴露量和创伤应急症状的分数之间存在良好的暴露—效应关系。这为评估不同程度的灾害和不同的灾害暴露量对疾病和健康的影响提供了新的方法和思路。

55. 健康效应的分类有哪些？什么是健康危险度评估？

环境有害因素会导致各种健康效应，一般可以人为地分为四类：①致癌（包括体细胞突变）；②生殖细胞突变；③发育效应；④器官/细胞效应。其中，前两类属无阈值毒物效应，也就是说有害污染的致癌作用以及致体细胞和生殖细胞突变的作用在零以上的任何剂量均可发生，即具有零阈值剂量—反应关系；后两类属有阈值毒物效应，也就是说有害污染物对于机体产生的一般毒效应，如引起生理生化过程的异常改变、病理组织学的变化等，只有达到某一剂量水平时才能发生，低于此剂量即检测不到，属于阈值效应。

环境有害因素是否会引起人体健康效应，以及可引起健康效应的严重程度，需通过环境危险度评估来确定。健康危险度评估是利用现有的毒理学、流行病学、统计学以及监测学发展的最新成果和技术，按一定准则，对暴露于某一特定环境条件下的有毒有害物质（因素）可能引起个体或群体产生某些有害健康效应（伤、残、病、出生缺陷和死亡等）概率进行定性、定量的评价。

健康风险评估是由一系列步骤组成的，包括危害鉴定、剂量—反应关系评定、暴露评价和危险度特征分析。危害鉴定是首要步骤，属于定性评价。目的是确定在一定的暴露条件下，被评价的化学物是否会产生健康危害及其有害效应的特征。剂量—反应关系评定是定量评价，通过人群研究的资料，确定适合人的剂量—反应曲线，并由此计算出评估危险人群在某种暴露剂量下危险度的基准值。暴露评价是测量或估计人群对某一化学物质暴露的强度、频率和持续时间，也可以预测新型化学物质进入环境后可能造成的暴露水平（剂量）。危险度特征分析是通过综合暴露评价和剂量—反应关系的结果，分析判断人群发生某种危害的可能性大小，并对其可信程度或不确定性加以阐述，最终以正规文件形式提供给危险管理人员作为管理决策依据。

56. 如何确定环境危险强度？

如在评价镉对人群的危险时，可以检测出土壤镉与大米镉含量随污染源距离增加而降低，从而定量评估不同人群镉的暴露水平。

暴露评价就是对各种途径（食物、水、空气等）可能摄入体内的生物性、化学性、物理性成分进行定性、定量评估。

食物　水　空气

环境危险强度的确定可以利用健康风险评估的方法，从暴露评价、危害鉴定、剂量—反应评定，以及风险特征分析四个步骤确定环境危险强度。暴露评价就是对各种途径（食物、水、空气等）可能摄入体内的生物性、化学性、物理性成分进行定性、定量评估。例如，在评价镉对人群的危险时，可以检测出土壤镉与大米镉含量随污染源距离增加而降低，从而定量评估不同人群镉的暴露水平。危害鉴定是判断某污染物对暴露人群是否产生不良效应，效应有哪些，分布情况如何，该物质与不良健康效应的相关性怎样。例如镉污染研究中，可以对污染区与对照区居民血清及尿液中镉含量的指标进行比较。剂量—反应关系是继危害鉴定之后，进一步鉴定环境污染物与人群不良健康效应直接的定量关系。例如可以对人群中尿镉、尿 β-MG、尿 NAG 的超标率与米镉含量关系进行分析，表明大米的含镉量、尿镉和肾脏功能损伤之间存在明显剂量—反应关系。风险特征分析主要用于定量表达风险大小及意义，其分析结果将有助于管理者权衡利弊，做出决策。

57. 何谓致癌和非致癌环境健康风险的预期寿命损失评价法？

预期寿命损失是用来表征污染物毒性效应大小的指标，它将基因毒性物质和躯体毒性物质所导致的健康危害都表述为寿命损失，从而将致癌和非致癌污染物的健康风险评价进行了统一。此方法最先由 Gamo 等基于日本的人口学统计资料进行运用。假定个体差异为对数正态分布，测定氯丹对于人群健康寿命的影响，最终得到在 10^{-5} 过剩癌症发病率的背景下，日本的预期寿命损失当量为 0.046 天。

58. 什么是环境基因组学？

　　环境基因组学是将基因组学技术和成果应用于环境医学中，通过比较分析特定污染物的易感人群和耐受人群的基因多态性特征谱，来研究环境相关疾病的发病机制。环境基因组学研究是以基因组学技术为依托，为环境蛋白组学的研究提供了必要的基础，其研究领域

和趋势必然会向环境蛋白组学的研究发展。环境蛋白组学是环境基因组的延伸与扩展。环境基因组学不仅包含环境毒理基因组学的研究，还包括在基因组水平上筛选、鉴定降解污染物的功能基因及其菌株，利用 DNA 芯片等基因组技术检测环境污染和有害基因漂移，以及生物修复与环境污染预警健康风险评价方面的研究。可以预见环境基因组学研究的兴起和发展将在揭示环境污染毒性的识别与检测、致毒性机理、环境疾病的诊断、治疗以及污染生物修复与环境预警等方面发挥重要作用。目前，应用于环境基因组学研究的主流技术有 3 种：① DNA（cDNA）微阵列和 DNA 芯片技术；②差异显示反转录 PCR（DDRT-PCR）技术；③基因表达序列（SAGE）分析。

59. 什么是环境表观基因组学？

环境表观基因组学是指在基因组水平探讨环境因素的表观遗传效应及其对基因表达影响的学科，即研究环境因素在不引起 DNA 序列发生改变的情况下，基因功能发生可遗传的变化，并最终导致可遗传的表型变化。这种改变从 3 个层面上调控基因表达：① DNA 修饰：DNA 共价结合一个修饰基团，使具有相同序列的等位基因处于不同的修饰状态；②蛋白修饰：通过对特殊蛋白修饰或改变蛋白的构象实现对基因表达的调控；③非编码 RNA 的调控：RNA 可通过某些机制实现对基因转录的调控以及对基因转录后的调控。环境表观基因组学研究内容包括染色质重塑、DNA 甲基化、X 染色体失活、非编码 RNA 调控 4 个方面。

研究环境因素在不引起DNA序列发生改变的情况下，基因功能发生可遗传的变化，并最终导致可遗传的表型变化，即为环境表观基因组学。

60. 什么是环境—基因交互效应？

对环境因素的作用产生应答反应的有关基因称为环境应答基因。环境—基因交互效应是从基因和分子水平上不断揭示遗传表观和表型变化的关系，探究环境应答基因的多态性造成人群罹患疾病的差异性。最早有关基因与环境交互作用报道是 1998 年 J. 林加帕（J.Lingappa）等人对钩端螺旋体病调查。其通过对湖泊游泳者调查，发现饮用不洁湖水是重要的危险因素。随后采集 85 份血清并提取基因组，研究结果表明与自身免疫性疾病相关的 HLA-DQ6 基因有活性的比没有活性的对钩端螺旋体的感染存在更大风险。而具有 HLA-DQ6 基因活性的饮用不洁湖水者具有更大风险。从而说明基因和环境间存在交互作用，能增加发生钩端螺旋体病的危险性。

61. 基因组学与表观遗传学在环境与健康研究中的不同点是什么？

基因组学是研究基于基因序列改变所致基因表达水平变化，目的是进行环境应答基因的多态性研究，并在病因学研究中探索基因与环境的交互作用。主要内容包括 DNA 序列分析、基因多态性功能分析以及基因—环境交互作用等，探究如基因突变、基因杂合丢失和微卫星不稳定等对健康的影响。而表观遗传学则是研究基于非基因序列改变所致基因表达水平的变化。这种改变是细胞内基因型未发生变化而表型发生了改变，且这种改变在发育和细胞增殖过程中能稳定传递。其研究内容包括染色质重塑、DNA 甲基化、X 染色体失活、非编码RNA 调控 4 个方面。与基因组改变所不同的是，许多表观遗传的改变是可逆的，这就为疾病的治疗和预防提供了非常乐观的前景。

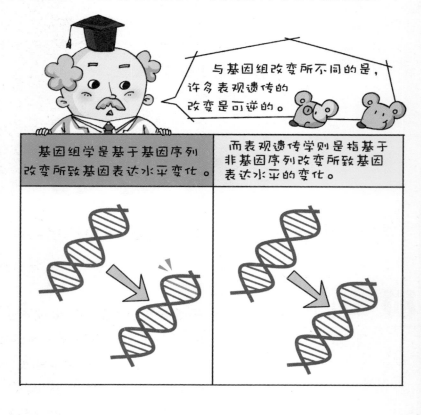

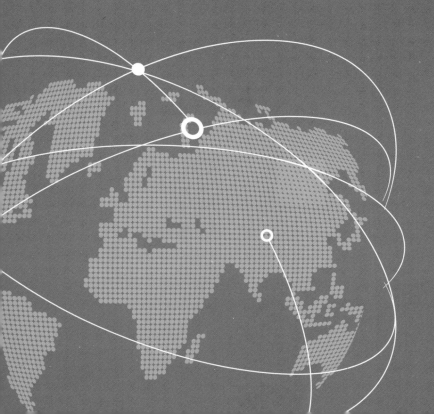

第三部分
与环境相关的重要疾病

案例一 伦敦烟雾事件

62. 什么是伦敦烟雾事件?

大气污染是人类当前面临的重要环境污染问题之一，以污染物的化学性质及其存在的大气环境状况为依据，可将大气污染类型分为煤烟型污染和机动车尾气型污染。其中，煤烟型污染的典型代表是 20 世纪发生在英国的伦敦烟雾事件。

伦敦烟雾事件是发生在 1952 年 12 月 5 日—9 日的一次严重的大气污染事件。此次空气污染使得多达 12000 人丧生。而在此后的 1956 年、1957 年和 1962 年，在伦敦又连续发生了多达 12 次严重的烟雾事件。直到 1965 年后，煤烟型烟雾才从伦敦销声匿迹。这一系列事件引起了人们的广泛关注，并推动了英国环境保护立法的进程。

63. 伦敦烟雾事件最开始是怎么发现的？

伦敦烟雾事件发生的那几天，伦敦正在举办一场牛展览会，参展的牛首先对烟雾产生了反应，350 头牛中有 52 头牛严重中毒，其中 14 头牛奄奄一息，1 头牛当场死亡。不久，伦敦市民也对烟雾产生了反应，许多人感到呼吸困难、眼睛刺痛，发生哮喘、咳嗽等呼吸道症状的病人也明显增多，死亡率陡增。据资料记载，烟雾开始后的两周内，大伦敦区死亡人数骤增，比 1947—1951 年相应两周的平均死亡人数约多出 4000 人。此后 2 个月，又陆续死亡 8000 人。

64. 如何发现这次事件是烟雾造成的呢？

突发事件（如战争、自然灾害、大气污染等）的特有表现是：短期内死亡人数剧增，迅速达到高峰，然后骤降。突发事件的发生是由于某一特殊原因的作用突然出现（或加强），而后又突然消失（或减弱）的结果。在公害事件引起了人们普遍重视的背景下，1952 年 12 月伦敦大雾与死亡人数陡峭上升，很自然地使人们想到这次事件与大气污染之间的联系。但刚开始的时候人们并不清楚二者之间的具体联系，直到烟雾事件发生的几天或几年甚至几十年后，伦敦烟雾事件的详细过程才逐渐被人们所认识。

通过对事件的描述性研究得知：① 1952 年伦敦大雾期间死亡人数增加，而与此相对应的是，该地区以往同期死亡人数较为稳定；②

大伦敦区大雾发生前后的死亡人数与英格兰、威尔士其余 159 个城镇相应各周比较，仅在发生大雾的大伦敦区出现死亡人数突然增加的情况；③ 45 岁以上的人群死于呼吸系统疾病和心血管系统疾病的人数显著增加，但同期死于车祸等意外因素的人数并无变动。根据以上研究结果，结合该时期内大气污染程度的水平及变化进行对比分析，确定了该地区烟雾污染是造成这次事件的根本原因。

65. 污染物的排放情况如何影响大气污染物的浓度？

　　污染物的排放情况，可分为污染物的排出量、排放方式、排出高度和与污染源的距离 4 个方面。一般情况下，单位时间内从污染源排出的污染物量越大，局部地区大气污染程度就越严重。污染物有两种排放方式：一种是无组织排放，即污染物不通过烟囱或排气筒直接由门窗或直接排入大气中，这种方式因污染物排放高度低，扩散动力小，主要引起污染源附近地区的大气污染；另一种是有组织排放，指通过烟囱或排气筒，把污染物排到一定高度和方位的大气中，这种排放方式比较容易控制，并且排出高度越高，烟波断面越大，污染物的扩散、稀释程度就越大，因而污染物在近地面地区的空气中的浓度越低。此外，距离污染源的距离越大，某地区的污染物浓度越低。不过，在大气污染源与污染物着陆点之间的区域内，大气污染往往不明显。

66. 气象因素如何影响大气污染物的浓度？

影响大气污染物浓度的因素有风和湍流、气温、大气稳定度、气压和气湿等。其中风和湍流对污染物在大气中的扩散和稀释起到决定性作用，局部地区的风力越大，风速越强，该地区大气污染物扩散越充分，大气污染物浓度越低。空气的水平运动称为风，风向和风速时刻都在变化，风向能反映出污染源周围受影响的方位。某地区瞬时污染以排污当时的下风侧地区受影响最大，而其全年污染则以该地区全年内主导风向的下风侧地区受影响最大，风速则决定污染物被大气稀释的程度以及扩散的范围。

67. 地形特征如何影响大气污染物的浓度？

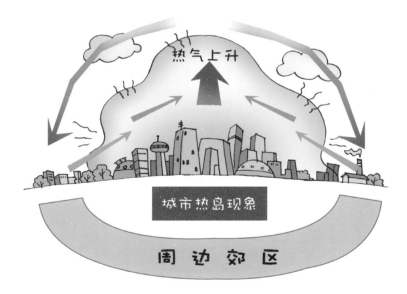

地形也对污染物的浓度起到重要影响。例如城市热岛现象，由于现代化城市人口密集，城市上空二氧化碳的增加和人为热的释放等

原因，城市热量的净收入比周围乡村多，热量散发远远大于四周郊区，造成城区平均温度比周围乡村高，犹如处于四郊包围的"热岛"。城市热岛的热空气上升，四周冷空气流向城市形成热岛环流，将市区的污染物质通过上升气流带到郊区累积起来，然后又通过从郊区吹向城市的风把这些污染物和郊区工厂排放的污染物一起带到市区，使城市空气质量恶化。

68. 伦敦烟雾事件中的污染物的排放情况如何？

通常距离市中心越远的地区，浓度有逐渐减少的趋向。

产生烟雾的直接原因是燃煤产生的二氧化硫和粉尘，间接原因是开始于 1952 年 12 月 4 日的伦敦市区逆温层所造成的大气污染物蓄积。

20 世纪 50 年代，伦敦市区冬季多使用燃煤采暖，市区内还分布有许多以煤为主要能源的火力发电站，煤炭燃烧会产生 CO_2、CO、SO_2、粉尘等污染物。由于事件发生时逆温层笼罩伦敦，城市处于高气压中心位置，垂直和水平的空气流动均停止，连续数日空气寂静无风，非常不利于污染物扩散，从而使得污染物在城市上空蓄积，引发连续数日的大雾天气。

根据当时大气污染监测站的资料显示，1952 年 12 月 5 日中午 12 点，烟尘浓度和 SO_2 浓度明显升高，7 日和 8 日兰伯斯州议会厅监测点测得的烟尘质量浓度为 $4.46\ mg/m^3$，为通常质量浓度的 10 倍，监测的 SO_2 质量浓度为 $3.80\ mg/m^3$，为正常时期的 6 ～ 8 倍。市中心烟尘浓度最高，距离市中心越远的地区，浓度有逐渐减少的趋向。

69. 伦敦烟雾事件中存在哪些不利于污染物扩散的 气象因素？

伦敦烟雾事件的发生，其根本原因是污染物的排放，同时由于下述不利于污染物扩散的气象条件存在，导致了严重烟雾事件的发生。

①逆温层：一般情况下，在低层大气中（对流层），气温是随高度的增加而降低的。在某些特殊条件下，如在空气下沉、辐射冷却、近地层扰动等因素的影响下，高层气温反而高于低层气温，这种现象称为逆温。出现逆温现象的大气层称为逆温层。在逆温层中，较暖而轻的空气位于较冷而重的空气上面，形成一种极其稳定的空气层，就像一个锅盖一样，笼罩在近地层的上空，严重地阻碍着空气的对流运动，使得近地面的污染物不容易向上扩散，导致近地面污染物浓度增加而造成烟雾事件的发生。

②高气压：当地面受高压控制时，中心部位的空气向周围下降，呈顺时针方向旋转，形成反气旋，此时天气晴朗，风速小，出现逆温层，阻止污染物向上扩散。

③气湿大：空气中水分多、湿气大时，大气中的颗粒物因吸收更多的水分使重量增加，运动速度减慢，气温低的时候，还可以形成雾，影响污染物的扩散速度，使局部污染加重。

70. 伦敦烟雾事件对人的健康造成了哪些危害？

烟雾开始后，急性危重病人猛增。据伦敦市区的四所医院统计，大雾期间平均每天有 750 例急性病例住院，其中呼吸道疾病平均为 175 例（23.3%）。该烟雾对人群健康危害在 1952 年 12 月 5 日开始显现，急性住院病例明显增加，12 月 6 日—10 日平均每天住院人数明显上升，与 12 月 1 日—5 日平均每天住院人数的比值为 2.5（121.2/48）。在急性住院病例中，呼吸道疾病患者从 12 月 6 日开始明显增加，9 日达到最高峰，急性病例住院人数达 1110 人，其中呼吸道疾病患者为 460 例（41.4%）。

71. 伦敦烟雾事件如何推动了环境立法？

1952 年冬天发生在英国伦敦的烟雾事件为英国首都伦敦的空气质量改善提供了治理的契机。自伦敦烟雾事件之后，英国政府和议会一改曾经在环境污染控制问题上放任不管、不作为的态度，开始积极行使国家职能，利用政府力量来主导对严重环境问题的治理。1953 年 11 月完成著名的《比弗报告》。随着这份报告的出台，1955 年，英国环境史上第一部现代意义上的空气污染防治法——《清洁空气法》在议会下院正式通过。

根据《清洁空气法》，英国开始大规模改造城市居民的传统炉灶，减少煤炭用量；冬季采取集中供暖；在城市里设立无烟区，区内禁止使用产生烟雾的燃料；煤烟污染的大户——发电厂和重工业设施——被迁到郊区。1968 年又颁布了一项清洁空气法案，要求工业企业建造高大的烟囱，有利于大气污染物扩散。1974 年出台《空气污染控制法》，规定工业燃料的含硫上限。1975 年，伦敦的烟雾日由每年几十天减少到了 15 天，1980 年降到 5 天。经过 50 多年的治理，伦敦终于摘掉了"雾都"的帽子，城市上空重现蓝天白云。

72. 伦敦烟雾事件给我们什么启示？

　　1952 年伦敦烟雾事件一方面是自然环境和特殊的气候因素所叠加引起的；另一方面也是人类活动长期以来不顾环境保护，对自然肆意破坏所积累恶果的一次大爆发。从根本成因上看，人类活动的不节制与不合理成为主要因素，而自然环境因素和特殊的气候原因则只是起着次要的作用。该起事件发生后，随着英国社会对环境问题的日益重视，政府部门相关报告和法案相继出台，国家干预力度开始增大，不合理、无节制的用煤习惯得以集中纠正，大气污染物的排放量得到有效控制，空气净化的成就变得非常显著。1952 年的伦敦烟雾事件给人们留下的不仅有沉痛的回忆和教训，还有治理大气污染、保护自然环境的宝贵经验，值得后人反思和借鉴。

案例二 美国洛杉矶光化学烟雾事件

73. 什么是洛杉矶光化学烟雾事件？

美国洛杉矶的光化学烟雾事件是世界有名的公害事件之一，是最早出现的新型大气污染事件。洛杉矶位于美国西南海岸，西面临海，三面环山，是个阳光明媚、气候温暖、风景宜人的地方。加之早期金矿、石油和运河的开发，它很快成为了一个商业、旅游业发达的港口城市。然而，从 20 世纪 40 年代初开始，洛杉矶城市上空出现的浅蓝色烟雾导致许多人出现眼睛痛、头痛、呼吸困难等症状，夺

去了 400 余人的生命，对公民健康造成极大影响，同时也导致了巨大的经济损失。1955 年和 1970 年洛杉矶又两度发生光化学烟雾事件，前者使 400 多人因多器官中毒、呼吸衰竭而死，后者使全市 3/4 的人患病。

74. 洛杉矶烟雾事件当时发生了哪些异常现象？

　　从 1943 年开始，每年从夏季至早秋，只要是晴朗的日子，洛杉矶城市上空就会出现一种弥漫整个天空的浅蓝色烟雾，滞留于市区久久不散，使整座城市空气变得浑浊不清。这种烟雾可使人眼睛发红、咽喉疼痛、呼吸憋闷、头昏、头痛，在严重情况下，也会造成人的死亡。1943 年以后，这种烟雾及其危害更加肆虐，以致远离洛杉矶城市 100 km 以外的海拔 2000 m 的高山上的大片松林枯死、柑橘减产；1955 年，因呼吸系统衰竭死亡的 65 岁以上的老人达 400 多人；1970 年，约有 75% 以上的市民患上了红眼病。洛杉矶烟雾还造成城市及附近地区家畜患病，妨碍农作物及植物的生长，使橡胶制品老化，材料和建筑物受腐蚀而损坏。光化学烟雾还使大气浑浊，降低大气能见度，影响汽车、飞机安全运行，造成车祸、飞机坠落事件增多等。

75. 洛杉矶烟雾事件发生时，政府最先采取了什么措施？

　　在 1943 年那次突如其来的烟雾事件之后，洛杉矶城市的空气情况变得越来越糟。居民中开始出现恐慌。很快政府关闭了市内一家化工厂，他们认定化工厂排出的丁二烯是污染源，但之后城市的烟雾情况并没有得到缓解。此后政府又宣布全市 30 万个焚烧炉是罪魁祸首，居民们被禁止在后院使用焚烧炉焚烧垃圾。可是这些措施出台后烟雾没有减少，反而更加频繁了。之后，洛杉矶政府又采取严格限制油田、炼油厂等企业的废气排放等措施，但收效均不明显。在那些烟雾严重的日子里，学校停课、工厂停工、大量人群涌向医院接受治疗，整个社会处于惶恐不安的状态。

76. 流行病学研究在对洛杉矶烟雾事件的调查中得出了什么结论？

Schoettlin 和 Landau 在 1961 年对 137 名哮喘病人进行研究，指出氮氧化物的水平、气象因素的变化和哮喘病发作有微弱的相关性。哈默（Hammer）等于 1965 年根据见习护士们每日的记录观察，发现氮氧化物的日平均浓度和人们眼睛刺激症状的日发生率在时间上有一定的关联。迪恩（Deane）、戈德史密斯（Goldsmith）和图马（Tuma）

在 1965 年比较了洛杉矶和旧金山户外工作的电话工患病情况，指出两地工人在眼睛受刺激方面有显著性差异。在洛杉矶几乎有 90% 的电话工肯定地回答有眼睛受刺激症状，而旧金山只有 30%～40%。

之后，斯特林（Sterling）等人于 1966 年和 1967 年分别指出洛杉矶市的医院住院人数和城市空气污染水平波动有一定的联系。同时过敏性疾病、呼吸道感染和心脏病的住院期限与 SO_2、氮氧化物、尘粒浓度之间有显著性相关。在进一步报告中利用多元非线性方法分析了同类资料，指出住院期限和住院的频数受整个城市空气污染状况的强烈影响。因此，空气污染的积累作用、污染物之间以及污染物与气象因素之间的相互作用都是洛杉矶烟雾形成过程中极为重要的因素，由此逐步揭示了洛杉矶光化学烟雾的来源。

77. 光化学烟雾的真正来源是什么？

对于 20 世纪 40 年代发生在美国洛杉矶的光化学烟雾产生的原因，并不是很快就能搞清楚的。开始认为是空气中二氧化硫导致洛杉矶的居民患病，但在减少各工业部门（包括石油精炼）的二氧化硫排放量后，并未收到预期的效果。后来发现，石油挥发物（碳氢化合物）同二氧化氮或空气中的其他成分一起，在阳光（紫外线）作用下，会产生一种有刺激性的化合物，这就是"洛杉矶烟雾"。但是，由于没有弄清大气中碳氢化合物究竟从何而来，尽管当地烟雾控制部门立即采取措施，防止石油提炼厂储油罐石油挥发物的挥发，然而仍未获得预期效果。最后，经进一步探索，才认识到当时洛杉矶城市里的 250 万辆各种型号的汽车是真正导致光化学烟雾的原因。这些机动车每天消耗约 1600 万 L 汽油，由于汽车汽化器的汽化率低，使得每天有 1000 多 t 碳氢化合物进入大气。这些碳氢化合物在阳光作用下，与空气中其他成分发生化学作用而产生一种新型的刺激性强的光化学烟雾。至此，洛杉矶光化学烟雾产生的原因才真正调查清楚。

78. 什么是光化学烟雾？

　　汽车、工厂等污染源排入大气的碳氢化合物和氮氧化物等一次污染物在阳光（紫外光）作用下发生光化学反应生成二次污染物。参与光化学反应过程的一次污染物和二次污染物的混合物（其中有气体污染物，也有气溶胶）所形成的烟雾污染现象，称为光化学烟雾。光化学烟雾可随气流漂移数百公里，使远离城市的农作物也受到损害。光化学烟雾多发生在阳光强烈的夏秋季节，随着光化学反应的不断进行，反应生成物不断蓄积，光化学烟雾的浓度不断升高，在 3 ～ 4 h 后达到最大值。光化学烟雾形成的大气污染对动植物、建筑材料、能见度等诸多方面造成严重的不良影响。

79. 哪些原因最终导致了洛杉矶光化学烟雾事件？

　　洛杉矶烟雾的形成与特定的气象以及地理条件有关，如强烈阳光照射，无风以及逆温和高压天气。特别是在山谷和盆地中易于出现。因为在此种情况下，烃类废气不能在高空大气层扩散。

　　洛杉矶市三面依山，一面临海，处于盆地之中，大气状态以下沉气流为主，地理环境极不利于污染物的扩散；且该市常年高温少雨，日照强烈，在强烈的阳光紫外线照射下，汽车尾气中的烯烃类碳氢化合物和二氧化氮会吸收太阳光能量；这些物质的分子在吸收了太阳光的能量后，会变得不稳定起来，原有的化学链遭到破坏，形成新的物质，即为光化学烟雾。

在这样的地理环境和气候条件下，洛杉矶市在 20 世纪 40 年代就拥有 250 万辆汽车，每天大约消耗 1100t 汽油，排出 1000 多 t 碳氢化合物，300 多 t 氮氧化合物，700 多 t 一氧化碳。另外，还有炼油厂、供油站等其他石油燃烧排放，这些化合物被排放到阳光明媚的洛杉矶上空，发生化学反应，导致光化学烟雾的发生。

80. 光化学烟雾除对人体健康的直接危害外，对环境还有哪些影响？

光化学烟雾中的组分能引起某些材料的变化，破坏材料的性能。如臭氧使橡胶及其制品龟裂和老化。臭氧、过氧乙酰硝酸酯（PAN）及氮氧化物对植物都有不同程度的损害。PAN 对植物有较大的毒性。臭氧能降低植物光合作用的速度，造成谷物、小麦、大豆和花生的减产。在光化学烟雾中，SO_2 的氧化速度大大加快，氧化率有时可达每小时 5% ～ 10%。因此，SO_2 同光化学烟雾一起能促使局部地区硫酸根浓度的增加，加剧酸雨的形成。

案例三　日本四日市哮喘事件

81. 什么是日本四日市哮喘事件？

日本四日市哮喘事件发生在 20 世纪 60 年代日本东部海湾的四日市，是由于大气污染而造成的，以阻塞性呼吸道疾患为特征的一种公害病，以支气管哮喘为主要症状。因最早发生在日本四日市而得名。

　　四日市位于日本东部伊势湾海岸，因历史上曾每隔 4 天有一次集市而得名。四日市原有人口 25 万人，主要是纺织工人。由于四日市近海临河，交通方便，又是京滨工业区的大门，日本垄断资本看中了四日市是发展石油工业的好地方，于是开始大兴石油等化工工厂，以致这片小小的地区在短短的几年内挤满了 10 多家大厂和 100 多家中小企业。四日市是自 1956 年起才成为石油关联产业集中的一个城镇，目前它已成为日本石油产业重要的临海工业地带。煤和石油在加工中经过燃烧产生大量的二氧化硫气体，在当时还没有有效的排放措施下就被源源不断地排入大气当中，造成了当地大气的严重污染。自 1961 年起，四日市的类似哮喘的发病率异常增高，引起大家的重视，该疾病被定名为四日市哮喘。同时，公害病一词也因此诞生。1965 年，四日市又比日本政府抢先一步独自创设了公害病的医疗制度。由此，四日市哮喘事件在日本的大气污染历史上写下了不可或缺的一页。

82. 什么现象引起了人们对四日市哮喘的关注？

　　四日市从 1955 年建立联合石油企业以来，因为烧的是含硫量高的重油，这些化工厂终日排放着含有二氧化硫的气体和粉尘，使昔日晴朗的天空变得污浊不堪，石油冶炼和工业燃油（高硫重油）产生的废气，使整座城市终年黄烟弥漫。四日市俨然成为了一个噪声振耳、

臭水横流、乌烟瘴气的城市。

1961 年，随着污染的日趋严重，四日市陆续有人患上哮喘病。到 1964 年甚至出现连续 3 天浓雾不散的现象，严重的哮喘病患者开始死亡；1967 年，一些哮喘病患者不堪忍受痛苦而自杀；到 1970 年，被确认的四日市哮喘病患者达到 510 人，36 人死亡；1972 年全市共确认哮喘病患者达 817 人。因其公害之大引起了社会各界人士的关注，告状到国会，要求对环境污染问题立法。

83. 四日市哮喘事件中，如何确定大气污染是致喘的主要因素？

随着四日市空气污染的日趋严重，支气管哮喘患者显著增加，这种情况引起社会各界的广泛关注，人们开始探索导致哮喘发生的原因。一般情况下，支气管哮喘的发生与家族遗传和对室内尘埃过敏因素有关。调查专家运用病例—对照的流行病学研究方法，以四日市居民为调查人群，依据被调查人群家族史调查和室内尘埃提取液皮内试验，试图探讨遗传和环境因素对哮喘的影响。结果都表明，污染区患者检出的阳性率低于对照区的患者，这说明室内尘埃和遗传因子不是四日市支气管哮喘高发的致喘因素。之后，据四日市医师会调查资料证明，患支气管哮喘的人数在严重污染的盐滨地区比非污染的对照区高 2 ~ 3 倍，另外，新患者一旦脱离大气污染环境，就能取得良好的疗效，从而推断出局部的大气污染是主要的致喘因素。

84. 四日市哮喘事件中，如何进一步确定二氧化硫是致喘的主要因素？

生态学研究表明，哮喘病患者的发病和症状的加重都与大气中的二氧化硫的浓度呈明显相关，支气管哮喘的发作次数和二氧化硫浓度同样存在相关关系，进而确定二氧化硫是致喘的主要因素。

化石燃料（煤、石油等）在燃烧时会排放出大量的二氧化硫，当其在大气中的浓度达到10%以上时就会强烈地刺激和腐蚀人的呼吸器官，引起气管和支气管的反射性挛缩，使管腔缩小，黏膜分泌物过多，呼吸阻力增加，换气量减少，严重时会造成喉痉挛，甚至使人窒息死亡。四日市的居民长年累月地吸入这种被二氧化硫及各种金属粉尘污染的空气，呼吸器官受到损害，因而很多人患有呼吸系统疾病，如支气管炎、哮喘、肺气肿、肺癌等。

85. 四日市哮喘事件中，大量的二氧化硫是从何而来的？

　　由于这些化工厂在冶炼石油和工业燃油（高硫重油）时会产生大量废气，煤和石油在加工中经过燃烧产生大量的二氧化硫气体，在当时还没有有效的排放措施的情况下就这样源源不断排入大气当中，造成了该地区大气的严重污染，全市工厂粉尘、二氧化硫年排放量高达 13 万 t。大气中二氧化硫浓度超出标准 5 ～ 6 倍。在四日市上空约500 m 厚的烟雾中飘着多种有毒气体和有毒铝、锰、钴等重金属粉尘。重金属微粒与二氧化硫形成烟雾，吸入肺中能导致癌症和逐步削弱肺部排除污染物的能力，形成支气管炎、支气管哮喘以及肺气肿等许多呼吸道疾病。

案例四 日本"痛痛病"事件

86. 什么是"痛痛病"？

"痛痛病"是 1955—1972 年发生在日本富山县神通川流域的一种公害病，是由于当地居民长期食用含镉大米和饮用含镉水而引起的慢性镉中毒，为日本的第一公害病。1946 年金泽大学对日本富山县神通川流域妇中町地区的调查发现，有一种不能用风湿热来说明的类似骨软化症的奇病，该病患者全身疼痛严重，终日喊叫不止，故取名为"痛痛病"。患者多为育龄妇女，主要症状是骨质疏松、全身疼痛、四肢弯曲变形、脊柱受压也缩短变形、全身多发性骨折、行动困难、患者尿中低分子蛋白增多、尿镉含量高、尿糖增多、尿酶改变。此病多在营养不良的条件下发病，最后患者多因全身极度衰弱和并发其他疾病而死亡。此病发病缓慢，潜伏期为 2 ~ 8 年。此病无特效疗法，死亡率很高。

87. 如何发现"痛痛病"是由镉中毒引起的？

1962 年以前，日本研究者曾从临床角度对"痛痛病"病因提出过不同的见解，但没有统一结论。1962 年富山县组成特殊地方病对策委员会，1963 年在厚生省和文部省拨款资助下，组成了"痛痛病"

研究委员会，对"痛痛病"进行了长达 3 年的研究。该委员会不仅从临床和病理角度对"痛痛病"的病因进行调查，最重要的是，在 1963 年的调查中，委员会在研究队伍中增加了环境方面的专家的参与，采用环境流行病学与环境毒理学相结合的研究方法，分别开展了描述性研究、病例对照研究设计、定群分析、毒理学研究等对该地区"痛痛病"的发生原因进行了全面深入的调查研究。具体包括对病区居民和对照区居民的健康检诊，并进行了环境（米及其产品、污水、井水、稻田土壤等）中的重金属调查和动物实验。研究委员会经过几年的调查，于 1967 年 1 月联合发表了一份报告，指出污染环境的重金属镉是"痛痛病"的最大可疑致病因素，极大地推动了"痛痛病"病因研究的进展。

88. 描述性研究在"痛痛病"发病病因调查中的 实际应用有哪些？

  "痛痛病"的描述性研究发现：①"痛痛病"患者仅分布于神通川流域的灌溉地带，高发区位于上段河水灌溉稻田的村庄，而下段河水灌溉的地带发病数较少。对富山县境内的另外三条水系流域也进行了调查，未发现患者和疑似病例。即本病发病在地理分布上具有严格的局限性。②"痛痛病"多见于更年期妇女，有生育史者高发，似乎与妊娠有关。③男性患者极少。④发病年龄为 30 ～ 70 岁，多数为 60 岁以上居民，年龄大是发病的重要危险因子。⑤本病有家庭聚集现象，若干病例是一家的婆婆和媳妇，女儿嫁往远离神通川流域者不发病，仅有一例嫁往远方发病，可能与出嫁前在家吃镉米，出嫁后又吃娘家的米有关。

89. 病例对照研究设计在"痛痛病"发病病因调查中的实际应用有哪些？

在"痛痛病"的病例—对照研究中，科学家以"痛痛病"患者、疑似患者和健康者为调查对象，从环境和宿主两方面进行了多种因素的调查发现：①"痛痛病"患者比同地区的健康者更多地饮用神通川的水；②患者多分布在收入较低的阶层；③用神通川水灌溉的农田，其土壤和生产的大米含有较高浓度的镉；④根据"痛痛病"患者、疑似患者和健康对照者的尿中重金属（镉、铅、锌）的分析，证实唯有镉的浓度在患者、疑似患者和对照者之间呈现差异；⑤患者尿蛋白和尿糖阳性率均高于疑似患者和健康者，这是"痛痛病"与过去的骨软化病的重要鉴别点。

90. 何谓"痛痛病"的前瞻性队列研究？

　　为了明确镉污染与"痛痛病"的发生是否有因果关系，对镉的环境暴露水平和生物学暴露水平及其与"痛痛病"某些效应指标的关系进行了前瞻性队列调查，结果发现：①镉污染区人群肾小管功能失调频率和尿镉浓度都高，对照区都低；②"痛痛病"患者骨组织学改变程度与尿镉之间呈明显相关关系；③"痛痛病"患者的分布与米镉浓度的分布极为一致，米镉浓度高的地方患者较多，反之较少，呈现明显的暴露—反应关系；④稻米镉含量与食用该稻米的人群的尿镉浓度呈线性关系；⑤尿镉浓度与尿蛋白阳性率之间呈线性关系。

91. 毒理学研究方法在"痛痛病"发病病因调查中的实际应用有哪些？

　　"痛痛病"的动物实验发现，用低蛋白饲料喂饲大白鼠，再将氯化镉溶于饮水中饲喂半年后，大白鼠肾脏出现以肾小管为主的病变，大部分动物呈现明显脱钙现象。用含高浓度镉和低浓度镉两种饲料饲喂大白鼠，经 10 个月后，大白鼠都出现了骨质疏松症和骨质软化症。

　　通过以上诸多流行病学与毒理学实验确定了镉与"痛痛病"的密切关系。

92. "痛痛病"中，人摄入的镉是从何而来的？

　　调查结果显示，长期摄入过量的镉是造成慢性镉中毒的主要原因。但人摄入的镉是从哪里来的呢？人摄入的镉主要来源是食物、水和污染的空气。神通川是当地人们的命脉之源，两岸人民世世代代饮用神通川河水，并用这条河水灌溉两岸肥沃的土地，使这一带成为日本主要的粮食产地。河水受到镉污染后，人们的饮用水中含有高浓度的镉，鱼的组织中也富集有高浓度的镉，用河水浇灌农田导致当地的稻米含镉量升高。研究显示，1963 年重病区的米镉含量高达 0.9mg/kg。这些含镉的稻米和鱼被人食用，含镉河水被人饮用，引起慢性镉中毒，导致了"痛痛病"的发生。

93. "痛痛病"中，稻田土壤是如何受到镉污染的？

含镉污水灌溉农田
是土壤镉污染的重要来源。

　　环境镉污染是引起区域性慢性镉中毒的主要原因。几乎在所有的含锌矿中都能发现 0.1% ～ 5% 的镉。在日本明治初期，三井金属矿业公司在神通川上游发现了铅锌矿，伴随着工业的发展，富山县神通川上游的神冈矿山从 19 世纪 80 年代起成为日本最大的铅锌矿山，日本铝矿、锌矿的生产基地。神通川流域从 1913 年开始炼锌，三井金属矿业公司在河的上游设立了神冈矿业所，建成炼锌工厂。含镉污水灌溉农田是土壤镉污染的重要来源。厚生省"痛痛病"研究报告证实，正是三井金属神冈矿及其附属设施排放的含高浓度镉的尾矿废水污染了水源。两岸居民引水灌溉农田，使土地含镉量高达 7 ～ 8 μg/g。

94. 镉是引起"痛痛病"的唯一原因吗？

　　日本厚生省公布的材料指出，"在'痛痛病'的病因物质中，重金属特别是镉确实是一个极可疑的致病因素，但镉本身单独不足以引起本病，诸如低蛋白、低钙等营养因素在本病的发病机理上可能也起重要作用"。即"痛痛病"发病的主要原因是当地居民长期饮用受镉污染的河水，并食用此水灌溉的含镉稻米，致使镉在体内蓄积而造成肾损害，进而导致骨质软化症。除此之外，本病发病高峰期是第二次世界大战结束前后数年间，居民的营养不足，加之神通川流域发生农业灾害，农业歉收，营养条件更加恶化，这也是促成本病流行的因素。妊娠、哺乳、内分泌失调、营养缺乏（尤其是缺钙）和衰老均被认为是"痛痛病"的诱因。

案例五 日本水俣病事件

95.什么是水俣病?

水俣病是在日本首次发现的以环境污染为媒介,通过食物链,在当地居民中发生的一种甲基汞中毒症。水俣病是因食入被有机汞污染的河水中的鱼、贝类所引起的慢性甲基汞中毒,是以中枢神经系统症状为主的环境污染性疾病。因 1953 年首先发现于日本熊本县水俣湾附近的渔村而得名,1968 年被日本政府认定为公害病。

96. 水俣病最开始有哪些异常现象引起了人们的关注？

　　1950 年起，水俣湾就开始出现一些异常现象：鱼类漂浮海面，贝类经常腐烂、一些海藻枯萎。1952 年开始出现乌鸦和某些海鸟在飞翔中突然坠入海中的现象，并且发生了浮鱼遍布整个水俣湾海面的情况。有时漂浮上来的章鱼和乌贼呈半死状态，儿童可直接用手捕捞。到 1953 年，当地居民家中饲养的猫、猪、狗等家畜中出现了发狂致死的现象。特别引人注意的是当地居民称为患"舞蹈病"的猫。猫的步态犹如酒醉，大量流涎，突然痉挛发作或陷入疯狂的兜圈动作，像在迷宫中一样东窜西跳，有时又昏倒不起，有的最后跳入水中淹死，被称为"自杀猫"。1957—1958 年，因这样病死的猫数目越来越多，致使水俣湾附近许多地区的猫达到绝迹。

97. 鱼、贝类为何成为使水俣病流行的怀疑对象？

最开始，经过工厂附属医院、市卫生当局、市医院及当地医师会的调查，发现儿童及成年人中都有病例发生。初步调查共发现了30例患者，其中一部分自 1953 年就已发病，并多数住在渔村。过去对这些患者的诊断不一，有的被诊断为乙型脑炎，有的被认为是酒精中毒、梅毒、先天性运动失调及其他。因该疾病的流行呈地方性，故判定水俣病可能为一种传染病，并采取了相应措施。对于当时不知道甲基汞中毒的医师来说，这样的判断是无法避免的。

1956 年 8 月，日本熊本大学医学部成立水俣病研究组，对其真正的流行原因进行了深入探讨。根据细致的流行病学调查，从患病者的慢性进程来看，认为化学性食物中毒的可能性较大，虽然研究组当时未能找到致病物质，但研究组在 1957 年的研究中发现，由其他地区移来放到水俣湾中的鱼类，很快蓄积了大量的毒物，用这些鱼喂猫时，也引起了水俣病的症状。即受试猫每日 3 次，每次喂以捕自水俣湾中的小鱼 40 条，每次总量为 10 g。经过 51 天（平均），全部受试猫出现了症状。由其他地区送来的猫，喂以水俣湾的鱼、贝类后，在 32 ～ 65 天内也全部发病。因而推断出是水俣湾中的鱼、贝类引发的中毒。

该调查组于 1956 年 11 月 4 日发表了终结调查报告，该报告认为水俣病不是传染性疾病，而是因反复大量食用水俣湾中的鱼、贝类所引起的一种重金属中毒。

98. 如何通过毒理学实验确定水俣病是由鱼、贝类中的甲基汞引起的？

当时，工厂废水中含有多种毒物，如锰、钛、砷、汞、硒、铜和铅等。研究组认为应对每一种毒物进行临床、病理和动物实验的研究。

最初曾怀疑病因物质是锰，其次是硒，第三是钛。虽然在环境和尸体中大量检出这些毒物，但以猫进行实验时，却不能引起与水俣病相同的症状。研究组部分成员在一段时期内坚持着锰中毒学说，但最后终于放弃了。随后，研究组成员又认为可能是几种毒物的综合作用，然而经过实验也失败了。

1958 年 9 月，熊本大学武内教授发现水俣病患者的各种症状与职业性甲基汞中毒的症状非常吻合。因此，研究组开始用甲基汞进行实验，结果发现，喂食甲基汞的猫出现了与吃水俣湾的鱼、贝类后发病的猫完全相同的症状。同时，对水俣湾内鱼、贝类的含汞量进行了测定，发现其水平很高。调查还发现，在 23 名水俣病死患者的脏器中的含汞量也很高；将水俣病患者和健康者的头发含汞数值（发汞含量）进行对比，发现患者的发汞含量远远高于健康人，而停止吃鱼后，患者的发汞含量逐渐下降。

1960 年 9 月内田教授从一个引起水俣病的贝类体中提取出了一种甲基汞化合物，从而彻底确定了致病物质是甲基汞。

99. 水俣湾的鱼、贝类是如何被甲基汞污染的？

在进行毒理学实验的同时，研究组进行了第一次环境汞的调查。结果表明，水俣湾的汞污染特别严重，在工厂废水排出口附近底质中含汞量达 2.010 mg/m^3，随着与排水口距离的增加，含汞量也逐渐减少。

含无机汞的工业废水排入水体后，污染相关海域，其中的无机汞会沉积水底，被细菌转化为毒性更强的甲基汞，并被富集于水生生物（如鱼类或贝类等）体内，人们长期食用这种含甲基汞的鱼类或贝类，就会造成中枢神经系统损伤。

100. 什么是生物富集作用？

生物富集作用又叫生物浓缩，是指生物将环境中低浓度的化学物质，通过食物链的转运和蓄积达到高浓度的能力。化学物质在沿着食物链转移的过程中产生生物富集作用，即每经过一种生物体，其浓度就有一次明显的提高。所以，位于食物链最高端的人体，接触的污染物最多，对其危害也最大。生物体吸收环境中物质的情况有 3 种：

一种是藻类植物、原生动物和多种微生物等，它们主要靠体表直接吸收；另一种是高等植物，它们主要靠根系吸收；再一种是大多数动物，它们主要靠吞食进行吸收。在上述 3 种情况中，前两种属于直接从环境中摄取，后一种则需要通过食物链进行摄取。环境中的各种物质进入生物体后，立即参加到新陈代谢的各项活动中。

101. 水俣湾海水中的甲基汞是从何而来的？

据了解，水俣镇有一个合成醋酸工厂，在生产中采用氯化汞和硫酸汞两种化学物质作催化剂。催化剂在生产过程中仅仅起促进化学反应的作用，最后全部随废水排入临近的水俣湾内，并且大部分沉淀

在湾底的泥里。工厂所选的催化剂氯化汞和硫酸汞本身虽然也有毒，但毒性不很强，然而它们在底泥里能够通过一种叫甲基钴氨素的细菌作用变成毒性十分强烈的甲基汞。甲基汞每年能以 1% 的速率释放出来，对上层海水形成二次污染，长期生活在这里的鱼、虾、贝类最易被甲基汞污染。

102. 孕妇摄入甲基汞会对胎儿产生影响吗？

当时，在发生水俣病的同时，水俣湾沿岸还出现了许多伴有神经症状的先天性痴呆患儿。开始曾考虑过这些患儿也患有水俣病，但因他们从未吃过水俣湾中的鱼、贝类，所以后来把这些患儿诊断为脑瘫患儿。然而，这些患儿在胎儿期、产期和产后期内又都找不到能引起大脑性瘫痪的异常原因，唯一值得注意的共同性因素，就是所有患儿的母亲在妊娠期间都曾大量食用过水俣湾的鱼、贝类。

发生水俣病患者最多的月浦、出月、汤堂、茂道等地，在 1955—1958 年出生的 220 名婴儿中，到 1962 年共发现了 13 名（5.9%）

这样的患儿，这比日本国内其他地区的脑性瘫痪发病率（0.2%～0.3%）要高得多。经过检验发现，这些患儿的发汞值很高，脐带中甲基汞的含量也高于正常婴儿。

对于患儿家庭进行调查（1962年）的结果发现，64%的患儿家属中有典型的急性水俣病患者，当时这些患儿的母亲则都呈健康状态。如果细致进行体检，则母亲中73%有某些极轻的神经系统症状，如运动失调、轮替迟钝、眼球震颤、言语障碍、感觉障碍等。

1961—1962年有两名患儿死亡，尸检结果发现了典型的甲基汞中毒病变，还发现有弥漫性髓质（皮质下）发育不良，胼胝体的发育不良等，都说明损伤在胎儿初期就发生了。

临床、流行病学和病理学所见都表明，甲基汞是通过胎盘由母体侵入胎儿，从而引起中毒。故于1962年将这些患儿确诊为先天性（胎儿性）水俣病。到1974年止，共发现这类患儿40例，这说明要消除水俣病的影响绝非易事。

案例六： 云 南 宣 威 肺 癌

103. 宣威肺癌为什么引起了人们的关注？

宣威"癌症村"的说法源于1973—1975年，原卫生部肿瘤防治研究办公室对全国29个省、直辖市、自治区人口恶性肿瘤死亡情况进行调查，发现我国云南省宣威县属全国肺癌高发区之一，之后调查发现宣威县（1979—1993年）女性肺癌年龄调整死亡率是25.3/105，居全国之首。另外宣威肺癌有明显的地区差异，肺癌高发区肺癌死亡率高达120/105左右，因而引起了国内外专家学者的极大关注。

为研究引起肺癌高发的主要危险因素，探索暴露与疾病之间的关联强度及方向，流行病学专家以宣威县为研究基地，开展了多学科的综合性研究。

宣威"癌症村"的说法源于1973—1975年，原卫生部肿瘤防治研究办公室对全国29个省、市、自治区人口恶性肿瘤死亡情况进行调查，发现我国云南省宣威县属全国肺癌高发区之一。

104. 宣威肺癌与工业污染有关系吗？

宣威肺癌与工业污染相关度不高。我国云南省宣威县位于滇东北部乌蒙山区，全县面积6000多 km²，人口110余万，90%以上是农民，其中汉族占94%左右。当地居民以烟煤、无烟煤、木柴为主要生活燃料，因交通不便，多以就地取材为主。

流行病学描述性研究表明，宣威肺癌死者中绝大多数是农民，其死亡率是厂矿、机关职工及家属的9.8倍。当地工业极为有限，仅寥寥数家工厂，投产至今时间不长，且不存在特别致癌物质，因此可以看出宣威肺癌高发不是起因于工业污染。

105. 吸烟是宣威肺癌的主要危险因素吗?

吸烟并不是宣威肺癌的主要危险因素。流行病学调查结果表明，宣威男性吸烟率比女性高 200 多倍，而肺癌死亡率在两性间差别不大；吸烟率相仿的肺癌高发区和低发区，农民肺癌死亡率之间相差 30 多倍；在肺癌高发区或低发区中吸烟与非吸烟人群肺癌死亡率之间差别均不明显；在吸烟人群或非吸烟人群中高发区与低发区肺癌死亡率相差数十倍；在病例—对照研究中，有吸烟史与无吸烟史两组人

群，在肺癌发病方面未见明显差别。由此看来，吸烟不是宣威肺癌高发的主要危险因素。

此外，当地居民吸烟方式也不同于其他地区，多用装水的竹筒和细长的旱烟锅作烟具，很少吸香烟或用纸卷烟，此种吸烟方式有可能减轻对健康的危害。

106. 如何发现生活燃料与宣威肺癌有联系？

宣威县是云南省主要产煤基地，小煤窑遍地皆是。农民住宅多是一楼一底土木结构，底层前 2/3 为"堂屋"，内设"火塘"，靠窗处设一躺床，是全家人生活活动中心。底层后 1/3 为卧室或畜厩。楼上主要为卧室和粮食等物的贮藏室。室内空气流通不畅又没有排烟设备，燃料在炉灶内燃烧排放出大量烟尘，造成室内极为严重的空气污染。长年累月在烟雾中生活，这种情况从古至今延续未变。据调查统计，宣威妇女每天在室内活动（包括睡眠）时间约为 17 小时。

现场调查结果表明，宣威县不同地区肺癌死亡率与其所用燃料构成密切相关，以燃烟煤为主的地区肺癌死亡率高，反之则低，如表 2 所示。

表 2　1958 年前宣威农民生活用燃料与肺癌死亡率

公社	调查人数	烧烟煤人数 /%	烧木柴人数 /%	烧无烟煤人数 /%	肺癌调整死亡率 /（1/105）
城关	15954	100.0	0.0	0.0	174.21
来宾	65914	89.7	8.7	1.6	128.31
榕城	47480	81.9	18.1	0.0	104.09
龙场	43471	76.1	17.9	6.0	39.46
龙潭	74672	78.0	22.0	0.0	22.96
板桥	53701	34.0	16.4	49.6	19.03
海岱	61170	49.7	22.5	27.8	13.48
落水	32933	2.7	39.0	58.3	9.55
普立	30277	35.2	52.0	12.8	7.49
西泽	59740	0.0	90.9	9.1	3.81
热水	67455	0.0	66.6	33.4	2.08

107. 描述性研究在确定生活燃料是宣威肺癌高发的主要原因中的作用是什么？

在进行流行病调查前，已有调查发现宣威农民家庭所用三种燃料（烟煤、木柴、无烟煤）中，烟煤燃烧排放物的颗粒小、有机物含量高、含有大量以苯并[a]芘（BaP）为代表的致癌性多环芳烃（PAHs）类化合物，具有致突变性、致癌性较强等特征。同时，毒理学实验表明烟煤燃烧排放物诱发实验动物肺癌发生率远远高于木柴组和对照组。

调查发现：①宣威肺癌死亡率分布呈现明显地区差异，肺癌死亡率的高低与使用燃料品种有关，烧烟煤死亡率最高，木柴、无烟煤次之，死亡率性别比值为 1.09，高发地区更低，一般为 0.9 左右。烧烟煤人群肺癌死亡年龄高峰提前。②烧烟煤人群肺癌死亡率是非烧烟煤人群的 170 倍；慢性阻塞性肺部疾病（COPD）患病率：烟煤 > 无烟煤 > 木柴。③宣威肺癌遗传度为 24.6%，分离比为 0.15，说明宣威肺癌病因中遗传因素只占 24.6%，外环境因素是引起宣威肺癌的主要危险因素。同时也可看出，肺癌是属于多基因遗传作用结果的疾病。

108. 病例对照和队列研究在确定生活燃料是宣威肺癌高发的主要原因中的作用是什么？

在宣威，非吸烟者女性肺癌病例对照研究调查中发现，烧烟煤人群患肺癌危险性是非烧烟煤人群的 6.05 倍。此外还发现，月经周期 <28 天，绝经年龄 >50 岁的妇女患肺癌危险性增高。男性重度吸烟者比轻度吸烟者患肺癌危险性高。

在进行回顾性队列研究的调查中发现，烧烟煤人群肺癌死亡率是非烧烟煤人群肺癌死亡率的 25.6 倍。改良炉灶后，效果非常明显，表现为肺癌死亡率明显下降，并且改灶时间越长，人群中肺癌的死亡率下降越明显。

综合室内空气污染物的物理、化学、生物学特性，诱发实验动物肺癌研究，室内空气污染物生物效应研究及流行病学研究结果，一致地支持了烟煤燃烧排放物中多环芳烃类化合物与宣威肺癌高发之间具有明显因果关系的论点。

第四部分
环境与健康的
法律、法规、标准

109. 我国环境与健康管理工作的法律依据是什么?

2014 年 4 月 24 日,第十二届全国人民代表大会常务委员会第八次会议通过了修订的《中华人民共和国环境保护法》(2015 年 1 月 1 日起施行),新增第三十九条明确规定:"国家建立、健全环境与健康监测调查和风险评估制度;鼓励和组织开展环境质量对公众健康影响的研究,采取措施预防和控制与环境污染有关的疾病。"这是我国首次在法律中明确了环境与健康工作的有关条款,由此开启了我国

环境与健康保护工作法制化的新征程。此外，我国现行《中华人民共和国水污染防治法》《中华人民共和国大气污染防治法》《中华人民共和国固体废物污染环境防治法》《中华人民共和国环境噪声污染防治法》《中华人民共和国放射性污染防治法》等均以"保障人体健康"为宗旨和目标。

110. 哪些国家对环境与健康有专门的法律规定？

韩国早在1963年颁布了《环境污染防治法》至2008年，韩国政府又陆续颁布了44部专门的环境法律。《环境与健康法》是专门针对环境健康工作的法律，也是迄今为止世界上针对环境健康的首部专门法律。

日本在二次世界大战后经历了大规模的工业化和重建项目后，面临着严重的环境污染与人体健康公害病的双重问题，迫于公害病和大众及媒体的压力，于1974年颁布了《公害健康赔偿法》。

美国虽然没有针对环境与健康的专门法律，但20世纪70年代起分别制定了《清洁空气法》《清洁水法》《濒危物种法》1980年制定了基于健康风险和生态风险的《综合环境反应、赔偿和责任法》。

韩国、日本、美国等国际上很多发达国家都高度重视环境与健康工作，根据各国实际情况不同，以不同的形式在其法律法规中予以体现。韩国早在1963年颁布了《环境污染防治法》，规定保护人体健康是该法的主要出发点，但环境与健康问题并没有引起普遍重视。直至2008年，韩国政府又陆续颁布了44部专门的环境法律，其中2008年3月颁布的《环境与健康法》（于2009年3月开始实施）是专门针对环境健康工作的法律，也是迄今为止世界上针对环境健康的首部专门法律。日本在第二次世界大战后经历了大规模的工业化和重建项目，面临着严重的环境污染与人体健康公害病的双重问题，迫于公害病和大众及媒体的压力，于1974年颁布了《公害健康赔偿法》，并制定了污染健康损害赔偿等多项相关法规。美国虽然没有针对环境与健康的专门法律，但20世纪70年代起分别制定了《清洁空气法》《清洁水法》《濒危物种法》等一系列针对风险和风险评价的环境法律条例，在其中均贯穿了对人体健康的保护。1980年美国又制定了基于健康风险和生态风险的《综合环境反应、赔偿和责任法》，提供一个联邦"超级基金"，用于清理未控制或遗弃的有害现场，并修复因事故发生泄漏所导致的环境污染。经多年的发展，美国逐渐形成了以风险评价和管理为核心的决策体系，并将风险评价的思想、理念和实施贯穿于各项法律条款之中予以执行，保护人体健康。

111. 韩国的《环境与健康法》的核心内容是什么？

韩国《环境与健康法》是世界上第一部、也是迄今为止唯一的一部环境与健康法。该法旨在建立一套评价、识别和监测生态退化和有毒有害化学品污染对公众健康和生态安全的影响和损害的方法，以预防和维护公众健康和生态安全。该法核心内容主要包括六部分：第一部分为概论，阐述了该法的目的、范围、理论、政府职责及环境与健康规划委员会；第二部分为风险评价，包括风险评价和管理、新技术和物质的限制、健康影响评价等内容；第三部分是与环境相关的人体健康影响的预防和管理，包括国民环境健康基础调查、环境相关健康影响的流行病学调查、健康影响评价请愿、政府对环境相关疾病的职责分工、环境健康指标、环境健康信息和统计管理等；第四部分是儿童健康，包括风险评价、有毒物质使用、儿童风险信息等；第五部分是附则，包括环境健康中心、环境健康人员教育与支持等；第六部分是处罚条例。该法律还规定国家要成立环境健康委员会，并明确了该委员会的主要职责、组织与管理；规定了违反环境健康管理规定的法律责任，包括刑事责任、罚金、对法人违法的双罚原则等。

112. 日本的环境健康损害赔偿制度是什么样的？法律和标准体系如何？

在经历了第二次世界大战的重创后，日本开始了大规模的工业化和重建项目。毫无节制的工业发展造成了严重的水污染、空气污染和土壤污染，不但影响了居民的健康与生活质量，而且引发了震惊世界的公害事件，如汞中毒（水俣病）事件、镉中毒（痛痛病）事件和

吸入二氧化硫（四日市哮喘）事件。迫于公害病群众和媒体的压力，政府官员不得不采取行动，紧密围绕公害病的处理处置、损害赔偿和预防等方面来开展工作，逐渐形成了以应对公害病推动环境与健康管理的被动发展模式。为了救助受害者，督促污染企业承担责任，维护社会公平，日本制定了环境健康损害赔偿等多项相关法规。具体包括公害健康危害补偿预防制度、水俣病对策、石棉健康危害救济制度等。公害病限定的疾病包括非特定性疾病（主要指由空气污染引起的呼吸系统疾病）和特定性疾病（包括水俣病、"痛痛病"和慢性砷中毒等）；适用地区为由于大范围和严重的污染而导致疾病发生率高的地区，且这些病显然与一些致病因素有关，如水俣病等地区；受害者鉴定为生活或工作在指定地区一段时间且暴露于污染、患有慢性支气管炎、肺气肿或相关后遗症的人，及经医学诊断证明患有指定类型的疾病（水俣病等）的人；赔偿方面，除了医疗费赔偿外，还包括残废救济金、儿童抚养费、治疗补贴和葬礼补助、幸存者补偿，以及对失去家人（受害者）的幸存者的一次性补偿；成本负担是指在"污染者付费"原则基础上，与补偿有关的成本由污染者承担。与污染受害者有关的健康和福利服务（间接补偿）赔款的 1/4 来自中央政府，1/4 来自市和县，其余的 1/2 由污染者付费。

　　日本的环境健康损害补偿制度和标准具有以下特点：①该标准体系具有上位法的支持。1974 年发布的《公害健康损害赔偿法》，该法的发布对于公害补偿的范围、人群、鉴定和补偿的基本原则做出规定。②明确划定了标准的适用地区。国家将环境健康损害补偿地区分为两类：第 1 类地区为空气污染地区；第 2 类地区为特殊疾病地区，如水俣病、"痛痛病"等。只有在这些划定区域内的人群才能够用该标准予以判定。③建立了良好的协作机制。设立了详细的疾病诊断和损害判定的标准细则，在国家层面由环境保护机构负责，而在各地方政府执行过程中，主要是由地方卫生机构配合开展有关疾病诊断和损害判定。

113. 美国的环境健康风险评价体系是什么样的？

美国是一个地域宽广的国家，各州的自然历史、地理条件、经济发展水平等都不尽相同，基于此，在环境质量标准和相关法律法规方面，州与州之间都存在着一定的差异。作为联邦环保行政机构的美国国家环境保护局，在过去30多年来，主要是通过推动一些全国性的法律法规的实施逐步推进环境与健康管理工作。经过多年的探索，美国国家

过去30多年来，美国主要是通过推动一些全国性的法律法规的实施逐步推进环境与健康管理工作。

环保局逐渐形成了以健康风险评价为核心的科研体系和决策体系，并将健康风险评价的思想贯穿于各项工作中。健康风险评价框架是1983年由美国科学院最先提出来的，包括四部分内容，即风险识别，

暴露评价、剂量反应关系和风险表征，后来在 1994 年进行了调整，加上了之前的基础研究和之后的风险管理的内容。从 20 世纪 80 年代起，逐渐形成了暴露评价技术导则（1992 年 5 月）、化学混合物风险评价技术导则（1986 年 9 月）、致畸风险评价技术导则（1986 年 9 月）、发育毒性风险评价技术导则（1991 年 12 月）、生殖毒性风险评价技术导则（1996 年 10 月）、神经毒性风险评价技术导则（1998 年 5 月）和癌症风险评价技术导则（2005 年 4 月）；建立了包括金属风险评价、超级基金风险等多项风险评价的框架；积累形成了综合风险信息系统和数据库（IRIS）、生物标志物等数据库和一系列的软件和方法。通过 30 多年的积累、完善和发展，为全国范围内统一了方法，加强了健康风险评价结果的可比性，为科学决策体系的构建奠定了良好的基础。

114. 我国有没有关于环境与健康工作的规划？

为保证国民经济的发展，我国从 1953 年起每隔五年制定一个五年计划，规划国民经济发展的远景和方向。从实施第一个五年计划（1953—1957 年）以来，我国社会经济取得了翻天覆地的变化，人民生活水平日益提高。但是伴随着我国工业化、城镇化的快速发展，环境污染影响人民群众健康的问题凸显，成为影响我国可持续发展、小康社会建设和社会和谐的重要因素之一，保护环境、保障健康成为人民群众最紧迫的需求。为着力解决损害群众健康的突出环境问题，统筹安排、突出重点、有序推进环境与健康工作，"十二五"期间我国环境保护部组织编制了《国家环境保护"十二五"环境与健康工作规划》（以下简称《规划》）。

　　《规划》的基本原则是预防为主，综合防治；夯实基础，统筹安排；加强合作，有效落实。目标是于 2015 年初步建立环境与健康工作的管理队伍，完成全国重点地区环境与健康问题调查，掌握全国主要地区、主要环境问题对人群健康影响的基本状况；开展环境与健康综合监测试点，初步建立重点地区环境与健康综合监测网络；环境与健康标准规范体系进一步完善，发布相关标准及技术规范；建立起一套可服务于环境与健康风险管理的数据库和信息系统，环境与健康风险评价和事故应急能力得到有效提升。

《规划》关注的重点领域和制定的主要任务包括如下几个方面：①环境与健康问题调查。针对环境健康问题突出、群众反映强烈、议论多的一些重点地区，开展环境与健康专项调查。②环境与健康风险管理。继续发布《国家污染物环境健康风险名录》、发布《中国人群暴露参数手册》、开展环境与健康综合监测试点，重点地区、流域环境污染的风险评价。③环境与健康科学研究。关注环境与健康调查、风险评价技术与方法、环境与健康综合监测、预警和应急技术与方法，以及环境与健康政策法规标准体系。④环境与健康能力建设。加强技术支撑机构建设、人才队伍建设、信息基础和共享能力建设和国际交流与合作。⑤环境与健康宣传教育。

目前《国家环境保护"十三五"环境与健康工作规划》正在积极编制中。

115. 我国《规划环境影响评价条例》中如何关注健康评价？

为加强对规划的环境影响评价工作，提高规划的科学性，从源头预防环境污染和生态破坏，促进经济、社会和环境的全面协调可持续发展，于2009年8月12日国务院第76次常务会议通过，并于2009年10月起施行《规划环境影响评价条例》（以下简称《条例》）。《条例》要求对有关部门组织编制的土地利用有关规划和区域、流域、海域的建设、开发利用条例，以及工业、农业、畜牧业、林业、能源、水利、交通、城市建设、旅游、自然资源开发的有关专项规划进行环境影响评价。

　　由环境问题引发的大量矛盾和纠纷已经成为影响社会稳定的重要因素。《条例》规定对相关规划进行环境影响评价中，将规划实施可能对人群健康产生的长远影响作为环评分析、预测和评估的三个基本内容之一，对环评中健康评价工作予以高度关注。《条例》将维护人群健康和降低长远环境影响作为推进规划环评的出发点，有利于更好地从源头解决关系民生的环境问题，维护人民群众的环境权益，是坚持以人为本、构建社会主义和谐社会的重要平台。

116. 我国化学品管理体系中如何关注环境健康？

　　我国现有生产使用记录的化学物质有 4 万多种，其中 3000 余种已列入当前《危险化学品名录》，具有毒害、腐蚀、爆炸、燃烧、助燃等性质。具有急性或者慢性毒性、生物蓄积性、不易降解性、致癌、致畸、致突变性等危害的化学品，对人体健康和生态环境危害严重。此外，由于危险化学品生产事故、交通运输事故以及非法排污引起的突发环境事件频发，相关行业特征污染物排放引发局部环境质量恶化，化学品引起的环境损害与人体健康问题日益显现，化学品环境风险防控形势日趋严峻。

　　"十一五"期间，我国初步建立了新化学物质和有毒化学品环境管理登记制度。2009 年 9 月，环境保护部发布《关于加强有毒化学品进出口环境管理登记工作的通知》，加强了有毒化学品登记后的跟踪管理。2010 年 1 月，环境保护部修订了《新化学物质环境管理办法》，进一步强化了新化学物质环境准入管理。2011 年 3 月，国务院修订了《危险化学品安全管理条例》，明确了环境保护主管部门负责组织危险化学品的环境危害性鉴定和环境风险程度评估，确定实施重点环境管理的危险化学品，负责危险化学品环境管理登记和新化学物质环境管理登记，依照职责分工调查相关危险化学品环境污染事故和生态破坏事件，负责危险化学品事故现场的应急环境监测。通过制度建设，建立了与国际接轨的新化学物质管理措施，有效遏制了化学品非法贩运，防范了对环境和人体健康具有高风险的化学物质进入市场。"十二五"期间，环境保护部发布了《化学品环境风险防控"十二五"规划》，规定了重点防控化学品、重点防控行业、重点防控区域和重点防控企业。旨在通过实施优化布局、健全管理、控制排放、提升能力等主要任务，着力推进化学品全过程环境风险防控体系建设，遏制环境突发事件高发态势，逐步实现化学品环境风险管理的主动防控、系统管理和综合防治，不断提高化学品环境风险管理能力和水平，保障人体健康和环境安全。

为了加强化学品的规范管理，我国还制定了相关技术方法标准。例如，2004年，我国发布了《新化学物质危害评估导则》（HJ/T 154—2004），其中规定了毒理学评估、人体暴露预评估、综合危害评估等方法和步骤。"十二五"期间形成了《新化学物质风险评估技术导则》（征求意见稿）和《新化学物质危害性鉴别导则》（征求意见稿）。截至目前，我国有关危险化学品安全管理的法律法规、规范已达40多部，不断完善的化学品管理体系通过对化学品生产过程和使用环节中有害物质的管理与控制，兼顾环境与健康的环节，保障了公民的人身安全和环境保护。2014年开始，环保部专门成立了国家固体废物及化学品管理中心，进一步加强对化学品相关的环境健康管理工作。

117. 我国有专门的环境与健康标准吗？

　　目前，我国尚未形成专门的环境与健康标准体系。2007 年环保和卫生等 18 个部委联合发布《国家环境与健康行动计划（2007—2015 年）》，明确将"完善环境与健康相关标准体系"作为重点行动策略之一，要求"根据环境与健康工作需要，结合我国具体国情，统筹协调标准制订、修订工作，完善标准体系，抓紧制订环境与健康重点领域急需的基础标准，尽快解决现行标准的衔接问题，保证环境与健康工作顺利开展"。环境与健康标准特指评价环境污染（包括物理性、化学性和生物性）的健康风险或健康影响的有关术语和技术规范，以及对预防和控制环境因素导致健康风险的管理和技术措施的相关规定。

环境与健康标准体系应该包括三个层面：第一个层面是环境与健康风险评价类标准，指评价和预测环境污染健康风险的有关术语、技术规范以及对防控环境风险的管理和技术措施的规定；第二个层面是环境与健康影响评价类体系，指调查、识别和评价引起不良健康效应的环境因素的有关术语、技术规范和对策措施等的统一规定；第三个层面是环境与健康损害判定类标准，指对环境因素与健康损害之间关系的判定方法及补偿救济方法的有关规定。有关我国环境与健康标准的制订工作，目前正在进行和完善中。

118. 我国现行环境空气质量标准是否考虑到对健康保护的要求？

环境空气质量标准是以保护人体健康、生态环境和社会物质财富为目的，基于一定时期环境毒理、环境风险判断和社会经济承受能力，对环境空气污染物浓度所做出的限制性规定。因此，制订任何时期的环境空气质量标准均必须考虑对人体健康的保护要求。在制定我国现行的《环境空气质量标准》时，明确要求以最新的环境空气质量基准为科学基础，保护公众健康、生态环境和社会物质财富，尤其是考虑了世界卫生组织（WHO）关于大气污染物环境健康风险防控的研究成果，包括各类污染物的保护人体健康的指导值、阶段性目标值等。因此，我国现行环境空气质量标准充分考虑了对人体健康保护的要求。

例如，细颗粒物（$PM_{2.5}$）是典型的大气污染物，对健康的影响范围很广，包括对心血管系统疾病、呼吸系统疾病、肺癌死亡率增加等，而且目前的研究无法证明其存在健康效应阈值。$PM_{2.5}$ 的直接影响包括肺损伤和炎症反应、气道反应增高和哮喘加重、呼吸感染易感性增加。$PM_{2.5}$ 对健康的影响还包括肺损伤导致的心血管效应、心律不齐、心脏异常等，以及血凝度增加等导致血液动力学效应。此外，颗粒物暴露对过早死及呼吸系统疾病入院率、学校缺勤率、旷工率等都有影响。WHO 根据最新的科

学研究结果，从保护人群健康出发，考虑到各国环境空气质量差异，提出指导值和三个过渡期目标，为各国制定本国环境空气质量标准提供参考。综合考虑国际上保护人体健康的基准和标准，针对我国目前环境质量现状和经济技术水平制定出的我国现行《环境空气质量标准》中，$PM_{2.5}$ 一级标准年平均和 24 小时平均质量浓度限值分别为 15μg/m^3 和 35μg/m^3，与 WHO 过渡期第 3 阶段目标值基本一致；二级标准年平均和 24 小时平均质量浓度限值分别为 35μg/m^3 和 75μg/m^3，与 WHO 过渡期第 1 阶段目标接轨。《环境空气质量标准》中 $PM_{2.5}$ 一级标准已经达到了保护人体健康的基本要求，可以看出我国现行《环境空气质量标准》考虑了对健康保护的要求。

119. 国外的环境空气质量标准比我们更严吗？

环境空气质量标准包括多个指标。我国一部分标准较严，一部分标准较松。

与美国、日本、加拿大、澳大利亚、印度、南非、埃及、巴西、墨西哥、欧盟等国家、地区的环境空气质量标准相比，我国环境空气质量标准中一氧化碳（CO）的浓度限值处于最严格的水平，其余污染物一级浓度限值处于较为严格的水平，二级浓度限值处于相对适中的水平。

例如，我国 PM$_{10}$ 二级标准 24 小时平均和年平均浓度限值在国际上都相对略宽，而一级标准则较严。PM$_{2.5}$ 二级标准年平均浓度限值与 WHO 过渡期第 1 阶段目标一致，是美国等其他发达国家、地区和组织限值的 1.4 ～ 3.5 倍；二级标准 24 小时平均浓度限值与 WHO 过渡期第 1 阶段目标一致，是美国等其他国家、地区和组织的限值的 1.25 ～ 3 倍。

CO 无论 24 小时平均浓度限值还是 1 小时平均浓度限值，在国际上均比较严格。24 小时平均浓度限值是日本的 1/3，1 小时平均浓度限值比美国、欧盟、WHO 等国家、地区和组织的限值严格，是他们的 1/4 ～ 1/3。

120. 我国室内空气质量标准如何考虑对人体健康的保护？

我国室内环境空气质量标准也属于环境质量标准之一，在制订时，必须以保护人体健康的环境基准为主要科学依据，发布实施后，用来保护室内环境空气暴露人群的身体健康。我国现行的《室内空气质量标准》（GB/T 18883—2002）规定了 19 项指标，包括反映人体舒适感的物理指标 4 项：温度、相对湿度、新风量、空气流速；保护人体健康的污染物指标 15 项：二氧化硫、二氧化氮、一氧化碳、臭氧、二氧化碳、氨、甲醛、苯、甲苯、二甲苯、苯并 [a] 芘、可吸入颗粒物、总挥发性有机物、放射性氡、细菌总数。保护人体健康的污染物项目中不但包括了呼吸暴露对人体具有刺激性的常规污染物，而且还包括了长期暴露会造成致癌效应的有毒空气污染物和放射性污染物项目以及致病性的细菌总数。在制订污染物项目限值时，充分研究了污染物对人体健康影响的环境基准，在此基础上，常规污染物的浓度限值主要是依据《环境空气质量标准》（GB 3095—2012）确定的，甲醛、苯、甲苯、二甲苯、苯并 [a] 芘、总挥发性有机物等有毒污染物及细菌总数的浓度限值主要是依据我国香港地区和苏联的有关环境卫生标准制定的，放射性氡的限值则是在充分参考了发达国家和地区的标准以及国际电离辐射与辐射源安全基本标准的基础上综合考虑确定的，所有污染物项目浓度限值的确定均充分考虑保护人体健康的基本要求。

121. 我国现行地表水环境质量标准如何考虑对人体健康的保护？

109项污染物项目指标 只为一杯健康好水

我国现行的《地表水环境质量标准》（GB 3838—2002）按照使用功能将地表水分为五类，与人体健康密切相关的主要是其中的Ⅱ类和Ⅲ类水，分别是集中式饮用水地表水源地一级保护区、二级保护区及游泳区，并规定了 109 项污染物项目指标，包括了重金属、氰化物、挥发酚、卤代烃、卤代苯类、苯系物、氯酚类、联苯胺、丙烯腈、农药等有毒污染物。这些污染物项目Ⅱ类和Ⅲ类水的限值主要是基于生活饮用水卫生标准的限值制订的，有些污染物项目的限值甚至更为严格；如果《生活饮用水卫生标准》（GB 5749—2006）中未规定的污染物项目，其浓度限值主要是参考发达国家保护人体健康的基准或标准制定的。总之，集中式生活饮用水地表水源地污染物限值为环境健康风险限值，以保护人群健康为目标而设置。

122. 我国当前的土壤环境质量标准如何考虑对人体健康的保护？

　　我国现行的土壤环境质量标准是《土壤环境质量标准》（GB 15618—1995），主要依据我国 20 世纪全国土壤环境背景值调查数据结果制定的。标准将土壤质量按其功能分为三类：Ⅰ类主要适用于国家规定的自然保护区（原有背景重金属含量高的除外）、集中式生活

饮用水水源地、茶园、牧场和其他保护地区的土壤，土壤质量基本保持自然背景水平；Ⅱ类主要适用于一般农田、蔬菜地、茶园、果园、牧场等土壤，土壤质量基本上对植物和环境不造成危害和污染；Ⅲ类主要适用于林地土壤及污染物容量较大的高背景值土壤和矿产附近等地的农田土壤（蔬菜地除外）。土壤质量基本上对植物和环境不造成危害和污染。

相应的，土壤环境质量标准分为三级，一级标准为保护区域自然生态，维持自然背景的土壤环境质量的限制值；二级标准为保障农业生产，维护人体健康的土壤限制值；三级标准为保障农林业生产和植物的正常生长的土壤临界值。Ⅰ类土壤适用一级标准；Ⅱ类土壤适用二级标准；Ⅲ类土壤适用三级标准。标准规定了三大土壤功能区的镉、汞、砷、铜、铅、铬、锌、镍8种元素以及六六六、滴滴涕的最高允许浓度。在该标准的制订中，第一级采用地球化学法，主要依据土壤背景值。很多有机食品生产基地土壤采用第一级标准。第二级采用生态环境效应法，主要依据土壤中有害物质对植物和环境是否造成危害或污染的影响，确保农作物中上述污染物的含量符合保护人体健康的食品卫生质量标准。一般农田、蔬菜地等采用第二级标准。

123. 我国现行声环境质量标准如何考虑保护人体的健康？

我国现行的是《声环境质量标准》（GB 3096—2008），该标准是评价环境噪声是否符合环境保护要求的主要尺度，也是制订噪声排放标准的法理基础和科学依据。该标准规定了五类声环境功能区的环境噪声限值及测量方法，主要用于声环境质量监测评价与管理。制定实施《声环境质量标准》的主要目的是保护人体健康和公共福利，创造安静、适宜的生活环境。因此，在制订标准时，主要以保护公众睡眠、保障交谈思考清晰、避免听力损伤的基准为核心依据。我国现行标准充分参考了世界卫生组织（WHO）以及其他各国的标准（基准），主要是以 55 dB(A)（昼）/ 45 dB(A)（夜）作为居民区的声环境质量要求。对于各种交通噪声（如公路交通噪声、铁路噪声、飞机噪声），以噪声暴露剂量与人群主观烦恼度的关系为依据给出标准限值。

124. 我国现行的核辐射与电磁辐射环境保护标准 是否考虑到保护人体健康？

过量的核辐射与电磁辐射会对环境造成危害，尤其会对人体产生伤害，使人致病、致癌、甚至致死。辐射时间越长，辐射剂量越高，造成的危害也就越大。为此，我国发布《放射性污染防治法》等有关防治辐射的环境保护法律和法规，明确规定应根据环境安全等要求制定核辐射与电磁辐射环境保护标准，保护人体健康和生态环境。在核辐射与电磁辐射环境安全要求中，对人体健康安全的要求是最核心、最重要的。因此，我国在制定标准时，充分参考了国际原子能机构、国际非电离辐射防护委员会、国际辐射防护委员会等国际组织和机构经过大量的流行病学调查得到的，能够避免各类辐射所致健康危害的人体健康可接受的辐射剂量值，或有关保护人体健康的辐射防护技术规定等文件，并结合我国辐射管理的实际情况制定出针对各类辐射源、适用于辐射环境安全管理各环节的核辐射与电磁辐射环境保护标准。因此，我国现行的核辐射与电磁辐射环境保护标准是充分考虑了保护人体健康的。

125. 生活饮用水卫生标准中对哪些污染物进行了规定？

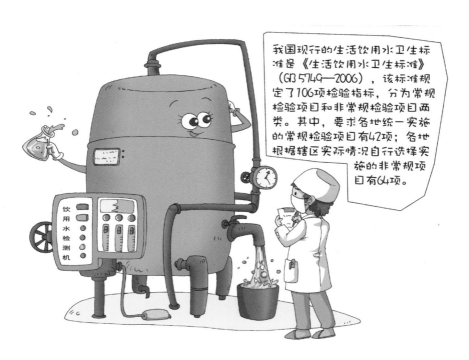

我国现行的生活饮用水卫生标准是《生活饮用水卫生标准》(GB 5749—2006)，该标准规定了106项检验指标，分为常规检验项目和非常规检验项目两类。其中，要求各地统一实施的常规检验项目有42项；各地根据辖区实际情况自行选择实施的非常规项目有64项。

我国现行的生活饮用水卫生标准是《生活饮用水卫生标准》（GB 5749—2006），该标准规定了 106 项检验指标（包括污染物指标、感官性状指标和微生物指标等），分为常规检验项目和非常规检验项目两类。其中，要求各地统一实施的常规检验项目有 42 项；各地根据辖区实际情况自行选择实施的非常规项目有 64 项。常规项目是：总大肠菌群、耐热大肠菌群、大肠埃希氏菌、菌落总数、砷、镉、六价铬、铅、汞、硒、氰化物、氟化物、硝酸盐、三氯甲烷、四氯化碳、溴酸盐、甲醛、亚氯酸盐、氯酸盐、色度、浑浊度、臭和味、肉眼可见物、pH、铝、铁、锰、铜、锌、氯化物、硫酸盐、溶解性总固体、总硬度、耗氧量、挥发酚类、阴离子合成洗涤剂、总 α 放射性、总 β 放射性、氯气及游离氯制剂、一氯胺、臭氧、总氯、二氧化氯。非常规项目是：贾第鞭毛虫、隐孢子虫、锑、钡、铍、硼、钼、镍、银、铊、氯化氰、一氯二溴甲烷、二氯一溴甲烷、二氯乙酸、1,2- 二氯乙烷、二氯甲烷、三卤甲烷、1,1,1- 三氯乙烷、三氯乙酸、三氯乙醛、2,4,6- 三氯酚、三溴甲烷、七氯、马拉硫磷、五氯酚、六六六、六氯苯、乐果、对硫磷、灭草松、甲基对硫磷、百菌清、呋喃丹、林丹、毒死蜱、草甘膦、敌敌畏、莠去津、溴氰菊酯、2,4- 滴、滴滴涕、乙苯、二甲苯、1,1- 二氯乙烯、1,2- 二氯乙烯、1,2- 二氯苯、1,4- 二氯苯、三氯乙烯、三氯苯、六氯丁二烯、丙烯酰胺、四氯乙烯、甲苯、邻苯二甲酸二（2-乙基己基）酯、环氧氯丙烷、苯、苯乙烯、苯并 [a] 芘、氯乙烯、氯苯、微囊藻毒素 -LR、氨氮、硫化物、钠。

126. 目前我国有相关环境污染与健康危害判定标准吗？

  "判定标准"指从环境医学观点判定环境某污染因子是否已构成当地定居人群某种健康危害的准则。目前，我国对环境镉、甲基汞和铅污染的人体健康危害已有相关判定标准。

  我国《环境镉污染健康危害区判定标准》（GB/T 17221—1998）于 1998 年发布，适用于受到含镉工业废弃物污染，并通过以食物链为主要接触途径导致当地一定数量的定居人群产生以肾脏为靶器官的慢性损害的污染危害区。该标准规定了环境镉污染所致健康危害的判定原则、观察对象、健康危害指标及其联合反应率的判定值。该标准判定原则为：以当地接触镉的定居人群镉负荷量增加为先决条件，排除职业性镉接触，结合靶器官肾脏重吸收功能和肾小管细胞损害的健康危害指标及其达到判定值的联合反应率水平，作出该污染区中镉是否已构成当地人群慢性镉危害的早期判定。

为了对水体汞（甲基汞）污染所引起的健康危害进行科学评价，统一诊断标准，以推动防治和污染治理工作，我国于1987年发布了《水体污染慢性甲基汞中毒诊断标准及处理原则》（GB 6968—86）。该标准根据水体汞污染水平、食用汞污染的鱼、贝类食物的历史、体内汞蓄积状况，以及临床表现和化验资料，进行综合分析，排除其他疾病而诊断。慢性甲基汞中毒是人类长期暴露于被汞（甲基汞）污染的环境，通过食物链富集，造成摄入者体内甲基汞超过一定阈值所引起的以中枢神经系统损伤为主要中毒表现的环境汞污染性疾病。

为切实做好儿童铅中毒的防治工作，结合我国实际情况，规范儿童铅中毒的预防、诊断分级及治疗原则，我国制定了《儿童高铅血症和铅中毒预防指南》和《儿童高铅血症和铅中毒分级和处理原则（试行）》（卫妇社发〔2006〕51号），从铅中毒原因、铅对儿童健康危害等相关知识介绍，避免或降低儿童铅暴露的行为指导，以及营养干预三方面出发，指导群众通过环境干预、开展健康教育、有重点的筛查和监测，达到预防和早发现、早干预儿童高血铅症或铅中毒的目的。

127. 我国是否有环境健康评价的技术规范？

自1973年我国颁布第一项环境保护标准——《工业"三废"排放试行标准》（GBJ 4—73）（已作废）以来，经过40多年的不断发展和完善，我国的环境保护标准已形成了"两级五类"的完整体系。所谓"两级"指的是国家级环境保护标准和地方级环境保护标准。"五类"指以环境质量标准、污染物排放（控制）标准和环境监测规范等 3 类标准为核心，包含环境基础标准与标准制（修）订规范、管理规范类环境保护标准两类标准在内的国家环境保护标准体系。截至 2014 年年底，我国累计发布环境保护标准 1800 多项，其中涉及环境健康评价的技术规范仅 1 项，为《污染场地风险评估技术导则》（HJ 25.3—2014），该标准规定了开展污染场地人体健康风险评估的原则、内容、程序，将评估过程分为危害识别、暴露评估、毒性评估、风险表征和计算风险控制值 5 个步骤，分别规定了进行每个步骤的技术方法要求，适用于污染场地人体健康风险评估和污染场地土壤和地下水风险控制值的确定，不适用于铅、放射性物质、致病性生物污染以及农用地土壤污染的风险评估。目前，其他有关环境健康评价技术规范的工作，相关部门正在起草实施。

128. 我国有哪些工业企业卫生防护距离标准?

工业企业排放大气污染物主要有两个来源:一是固定的高架源,即通过烟囱或烟囱群排放;二是无组织排放源,即经设备不严密处跑、冒、滴、漏排放。卫生防护距离是指在正常生产条件下,无组织排放的有害气体(大气污染物)自生产单元(生产区、车间或工段)边界到居住区容许浓度限值所需的最小距离。其作用是为企业无组织排放的大气污染物提供一段稀释距离,使污染气体到达居民区时的浓度符合国家标准。

我国卫生防护距离标准的发展历程,大概分三个阶段:第一阶段是引入阶段(1962—1979 年),参考苏联的相关标准,20 世纪 70年代修订出《工业企业设计卫生标准》(TJ 36—1979)(已作废);第二阶段是发展阶段(1980—2000 年),根据现场调研、实测数据和流行病学资料,先后研究制订了 31 项工业企业卫生防护距离标准,涵盖了水泥厂、炼油厂、焦化厂等污染严重的工业企业。1987 年我

国颁布了第一个卫生防护距离标准——《炼油厂卫生防护距离标准》
（GB 8195—1987）（已作废）；第三阶段是停滞和进一步发展阶段
（2001 年至今），2001 年后，国家便不再出台新的工业企业卫生防
护距离标准，导致现有卫生防护距离标准存在标准缺乏和不适用的双
重问题。但是，据悉近期，根据国民经济分类，新一轮卫生防护距离
的修订正在进行。

　　我国工业企业卫生防护距离标准体系的构成体现了两个覆盖面：
其一，包括工业企业和重要事业单位排放的各类污染物；其二，包括
在我国国民经济中占重要地位的各类工业企业及重要事业单位。目
前，我国现行的工业企业卫生防护距离标准包括《油漆厂卫生防护
距离标准》（GB 18070—2000）、《基础化学原料制造业卫生防护
距离　第 6 部分：硫化碱制造业》（GB 18071.6—2012）、《非金属
矿物制品业卫生防护距离　第 1 部分：水泥制造业》（GB 18068.1—
2012）等 30 多项，具体见附表。

129. 工业企业大气卫生防护距离标准是如何制定的？

　　工业企业设置大气卫生防护距离的主要目的就是为无组织排放
大气污染物设置一定的扩散稀释空间，在无组织排放污染物扩散至居
住区时，能够保护人体健康。因此，制定工业企业大气卫生防护距离
标准时涉及环境卫生学、污染气象学、流行病学、城乡规划学以及社
会经济学诸多方面的问题。

工业企业设置大气卫生防护距离的主要目的就是为无组织排放大气污染物设置一定的扩散稀释空间，在无组织排放污染物扩散至居住区时，能够保护人体健康。

工业企业卫生防护距离标准的确定方法主要有以下几个步骤：确定污染物种类，现场调查、实测、推算，环境流行病学调查等，再根据以上资料做出可行性分析，产生建议标准值。

工业企业污染物种类包括气态化学污染物、尘粒污染物、恶臭污染物、物理因素污染物以及环境风险危害因素等几大类。根据工业企业的类型、生产工艺、流程来确定特征污染物。通过现场调查、实测，找出目标行业企业大气污染物的构成和特性，确定实际排放强度与下风方向不同距离处污染物浓度分布之间的关系，再根据最佳可行技术确定可以达到的治理措施和维护管理措施，确定该类工业企业的允许排放强度，最后选定合适的大气扩散模式和相应的计算参数，估算得出所需卫生防护距离，通过标准化程序，形成标准。环境流行病学调查即评价环境对人群健康的影响。通过调查，确定区域环境污染物负荷量与该区域人群机体内污染物负荷量之间的关系，摸清剂量—反应关系；调查距工业污染源不同距离处，居民人群健康状况是否受到大气污染物的危害，查明危害程度的差异，根据环境质量标准以及环境负荷与人体负荷量之间的关系，判断出该工业企业的卫生防护距离。

130. 职业卫生诊断标准能否应用于环境与健康的有关诊断中？

职业卫生标准是为了预防、控制和消除职业病危害，对职业活动中各种健康相关因素的卫生要求做出的技术规定。国家卫生和计划生育委员会根据《中华人民共和国职业病防治法》（以下简称《职业病防治法》）制定的现行职业卫生标准有 161 项，其中国家职业卫生标准 85 项。《职业病防治法》规定的"职业病"是指企业、事业单位和个体经济组织等用人单位的劳动者在职业活动中，因接触粉尘、放射性物质和其他有毒、有害物质等因素而引起的疾病。职业病诊断标准是对职业病诊断过程中工作方法、诊断技术指标及技术行为做出的技术规定。现行的职业病诊断标准已达 95 项，包括职业病基础标准、职业中毒诊断标准、尘肺病诊断标准、物理 / 生物因素所致职业病诊断标准、职业性皮肤 / 眼 / 耳鼻喉口疾病诊断标准和职业性肿瘤诊断标准等。职业病诊断标准的服务对象是接触职业病危害因素的广大劳动者。

职业卫生诊断标准适用于法定的职业病、产生职业危害的企业事业单位和个体经济组织，理论上不包括没有职业危害的用人单位；而环境与健康损害事件包括天然的环境和事故的、人为的环境污染或违反有关卫生管理监督法规销售不安全的产品而造成人群健康危害的事件，涉及职业和非职业性的成因、危害和受害体；并且环境与健康损害事件具有一定的隐蔽性。因此，职业卫生诊断标准无法诊断所有的环境与健康损害事件。

131. 国家对于化学品泄漏或爆炸等应急性的环境健康损害事件的响应和处理处置机制是什么样的？

2003年以来我国先后发布了
《国家突发公共卫生事件总体应急预案》、
《国家突发环境事件应急预案》和
《突发环境污染事件应急监测技术规范》，
并于2014年新修订实施了
《国家突发环境事件应急预案》。

　　一个国家和地区针对突发性事件的预防、预警、紧急处置和恢复重建所制定的一系列工作计划，是环境应急体系中重要组成部分和必要的前提工作，由此，2003年以来，我国先后发布了《国家突发公共卫生事件总体应急预案》、《国家突发环境事件应急预案》和《突发环境污染事件应急监测技术规范》，并于 2014 年新修订实施《国家突发环境事件应急预案》。我国对于化学品泄漏或爆炸等应急性的环境健康损害事件的响应和处理机制是：

（1）组织指挥体系。根据突发环境事件的发展态势及影响，环境保护部或省级人民政府可报请国务院批准，或根据国务院领导同志指示，成立国务院工作组，负责指导、协调、督促有关地区和部门开展突发环境事件应对工作。

（2）监测预警。相关部门加强日常环境监测，并对可能导致突发环境事件的风险信息加强收集、分析和研判。对可以预警的突发环境事件，按照事件发生的可能性大小、紧急程度和可能造成的危害程度，将预警分为 4 级；地方环境保护主管部门研判可能发生突发环境事件时，应当及时向本级人民政府提出预警信息发布建议，同时通报同级相关部门和单位；预警信息发布后，当地人民政府及其有关部门视情况采取分析研判、防范处置、应急准备、舆论引导等措施；最后根据事态发展情况和采取措施的效果适时调整预警级别。

（3）信息报告。突发环境事件发生后，涉事企事业单位或其他生产经营者必须采取应对措施，并立即向当地环境保护主管部门和相关部门报告，同时通报可能受到污染危害的单位和居民。因生产安全事故导致突发环境事件的，安全监管等有关部门应当及时通报同级环境保护主管部门。

（4）应急响应。根据突发环境事件的严重程度和发展态势，将应急响应设定为Ⅰ级、Ⅱ级、Ⅲ级和Ⅳ级 4 个等级。突发环境事件发生后，各有关地方、部门和单位根据工作需要，组织采取现场污染处置、转移安置人员、医学救援、应急监测、市场监管和调控、信息发布和舆论引导、维护社会稳定、国际通报和援助、国家层面对应等工作和措施。

（5）后期工作。突发环境事件应急响应终止后，及时组织开展污染损害评估，并将评估结果向社会公布；开展事件调查，查明事件原因和性质，提出整改防范措施和处理建议；及时组织制订补助、补偿、抚慰、抚恤、安置和环境恢复等善后工作方案，并组织实施。

（6）应急保障。确保相关应急队伍保障，物资与资金保障，通信、交通与运输保障及技术保障。

附表

工业企业卫生防护距离标准汇总

标准编号	标准名称	状态	实施日期
GB 11661—2012	炼焦业卫生防护距离	现行	2012-08-01
GB/T 17216—2012	人防工程平时使用环境卫生要求	现行	2012-10-01
GB 18068.1—2012	非金属矿物制品业卫生防护距离 第1部分：水泥制造业	现行	2012-08-01
GB 18068.2—2012	非金属矿物制品业卫生防护距离 第2部分：石灰制造业	现行	2012-08-01
GB 18068.3—2012	非金属矿物制品业卫生防护距离 第3部分：石棉制品业	现行	2012-08-01
GB 18068.4—2012	非金属矿物制品业卫生防护距离 第4部分：石墨碳素制品业	现行	2012-08-01
GB 18071.1—2012	基础化学原料制造业卫生防护距离 第1部分：烧碱制造业	现行	2012-08-01
GB 18071.3—2012	基础化学原料制造业卫生防护距离 第3部分：硫酸制造业	现行	2012-08-01
GB 18071.6—2012	基础化学原料制造业卫生防护距离 第6部分：硫化碱制造业	现行	2012-08-01
GB 18071.7—2012	基础化学原料制造业卫生防护距离 第7部分：黄磷制造业	现行	2012-08-01
GB 18071.8—2012	基础化学原料制造业卫生防护距离 第8部分：氢氟酸制造业	现行	2013-05-01
GB 18079—2012	动物胶制造业卫生防护距离	现行	2015-05-01
GB 18082.1—2012	皮革、皮毛及其制造业卫生防护距离 第1部分：皮革鞣制加工业	现行	2012-08-01
GB 18075.1—2012	交通运输设备制造业卫生防护距离 第1部分：汽车制造业	现行	2012-08-01

标准编号	标准名称	状态	实施日期
GB 18078.1—2012	农副食品加工业卫生防护距离　第 1 部分：屠宰及肉类加工业	现行	2012-08-01
GB 18080.1—2012	纺织业卫生防护距离　第 1 部分：棉、化纤纺织及印染精加工业	现行	2012-08-01
GB 11654.1—2012	造纸及纸制品业卫生防护距离　第 1 部分：纸浆制造业	现行	2013-05-01
GB 11655.1—2012	合成材料制造业卫生防护距离　第 1 部分：聚氯乙烯制造业	现行	2013-05-01
GB 11655.6—2012	合成材料制造业卫生防护距离　第 6 部分：氯丁橡胶制造业	现行	2013-05-01
GB 11662—2012	烧结业卫生防护距离	现行	2013-05-01
GB 11666.1—2012	肥料制造业卫生防护距离　第 1 部分：氮肥制造业	现行	2013-05-01
GB 11666.2—2012	肥料制造业卫生防护距离　第 2 部分：磷肥制造业	现行	2013-05-01
GB/T 17222—2012	煤制气业卫生防护距离	现行	2013-05-01
GB 11657—1989	铜冶炼厂（密闭鼓风炉型）卫生防护距离标准	现行	1990-06-01
GB 11659—1989	铅蓄电池厂卫生防护距离标准	现行	1990-06-01
GB 11660—1989	炼铁厂卫生防护距离标准	现行	1990-06-01
GB 18070—2000	油漆厂卫生防护距离标准	现行	2001-01-01
GB 18072—2000	塑料厂卫生防护距离标准	现行	2001-01-01
GB 18081—2000	火葬场卫生防护距离标准	现行	2001-01-01
GB 18074—2000	内燃机厂卫生防护距离标准	现行	2001-01-01

标准编号	标准名称	状态	实施日期
GB 18083—2000	以噪声污染为主的工业企业卫生防护距离标准	现行	2001-01-01
GB 8195—2011	石油加工业卫生防护距离	现行	2012-05-01
GBZ 136—2002	生产和使用放射免疫分析试剂（盒）卫生防护标准	现行	2002-06-01
GBZ 139—2002	稀土生产场所中放射卫生防护标准	现行	2002-06-01
GBZ 123—2006	汽车纱罩生产放射卫生防护标准	废止	2007-04-01
GBZ 175—2006	γ 射线工业 CT 放射卫生防护标准	现行	2007-04-01
GBZ 119—2006	放射性发光涂料卫生防护标准	现行	2007-04-01
GBZ 1—2010	工业企业设计卫生标准	现行	2010-08-01
GBZ/T 233—2010	锡矿山工作场所放射卫生防护标准	现行	2010-12-01
GB 11654—1989	硫酸盐造纸厂卫生防护距离标准	作废	1990-06-01
GB 11655—1989	氯丁橡胶厂卫生防护距离标准	作废	1990-06-01
GB 11656—1989	黄磷厂卫生防护距离标准	作废	1990-06-01
GB 11658—1989	聚氯乙烯树脂厂卫生防护距离标准	作废	1990-06-01
GB 11661—1989	焦化厂卫生防护距离标准	作废	1990-06-01
GB 11662—1989	烧结厂卫生防护距离标准	作废	1990-06-01
GB 11663—1989	硫酸厂卫生防护距离标准	作废	1990-06-01
GB 11664—1989	钙镁磷肥厂卫生防护距离标准	作废	1990-06-01
GB 11665—1989	普通过磷酸钙厂卫生防护距离标准	作废	1990-06-01
GB/T 17222—1998	煤制气厂卫生防护距离标准	作废	1998-10-01
GB 18068—2000	水泥厂卫生防护距离标准	作废	2001-01-01
GB 18069—2000	硫化碱厂卫生防护距离标准	作废	2001-01-01

标准编号	标准名称	状态	实施日期
GB 18071—2000	氯碱厂（电解法制碱）卫生防护距离标准	作废	2001-01-01
GB 18073—2000	炭素厂卫生防护距离标准	作废	2001-01-01
GB 18075—2000	汽车制造厂卫生防护距离标准	作废	2001-01-01
GB 18076—2000	石灰厂卫生防护距离标准	作废	2001-01-01
GB 18077—2000	石棉制品厂卫生防护距离标准	作废	2001-01-01
GB 18078—2000	肉类联合加工厂卫生防护距离标准	作废	2001-01-01
GB 18079—2000	制胶厂卫生防护距离标准	作废	2001-01-01
GB 18080—2000	缫丝厂卫生防护距离标准	作废	2001-01-01
GB 18082—2000	制革厂卫生防护距离标准	作废	2001-01-01
GB 8195—1987	炼油厂卫生防护距离标准	作废	1988-05-01
GBZ 1—2002	工业企业设计卫生标准	作废	2002-06-01
GB 11666—1989	小型氮肥厂卫生防护距离标准	作废	1990-06-01

序号	图书名称	ISBN	定价
1	农村环保知识问答	978-7-5111-3169-0	23
2	铅污染危害预防及控制知识问答	978-7-5111-2102-8	20
3	室内环境与健康知识问答	978-7-5111-2725-9	24
4	水环境保护知识问答	978-7-5111-3138-6	24
5	土壤污染防治知识问答	978-7-5111-1624-6	23
6	危险废物污染防治知识问答	978-7-5111-3210-9	23
7	地下水污染防治知识问答	978-7-5111-2637-5	18
8	电磁辐射安全知识问答	978-7-5111-2642-9	22
9	电子废物利用与处置知识问答	978-7-5111-2067-0	18
10	汞污染危害预防及控制知识问答	978-7-5111-3105-8	20
11	固体废物管理与资源化知识问答	978-7-5111-2370-1	20
12	环境遥感知识问答	978-7-5111-3369-4	22
13	环境与健康知识问答	978-7-5111-2971-0	30
14	绿色消费知识问答	978-7-5111-2369-5	25
15	饮用水安全知识问答	978-7-5111-3555-1	23
16	环境噪声污染防治知识问答	978-7-5111-3798-2	22
17	城市生活垃圾处理知识问答	978-7-5111-0966-8	26
18	生态文明知识问答	978-7-5111-3247-5	23
19	农业污染防治知识问答	978-7-5111-3209-3	28
20	畜禽养殖污染防治知识问答	978-7-5111-3246-8	22
21	环境管理知识问答	978-7-5111-3725-8	32
22	城镇排水与污水处理知识问答	978-7-5111-3139-3	23
23	$PM_{2.5}$ 污染防治知识问答（续）	978-7-5111-3416-5	22
24	化学品环境管理知识问答	978-7-5111-2970-3	23
25	固体废物进出口管理知识问答	978-7-5111-2972-2	23
26	VOCs 污染防治知识问答	978-7-5111-2973-4	26
27	自然资源永续利用知识问答	978-7-5111-2857-7	22
28	持久性有机污染物（POPs）防治知识问答	978-7-5111-2871-3	24
29	$PM_{2.5}$ 污染防治知识问答	978-7-5111-1357-3	20
30	湖泊水环境保护知识问答	978-7-5111-2371-8	24
31	核电厂核事故防护知识问答	978-7-5111-0702-2	15